Nymphensittiche

lebhaft & gesellig

> Autor: Thomas Haupt | Fotos: Oliver Giel

Inhalt

Wohlfühl-Heim

Fit-und-gesund-Programm

Kennenlern-Programm

Beschäftigungs-Programm

Anhang

➤ **GU Serviceseiten**

Wohlfühl-Heim

Eine gute Wahl

»Jeder Mensch braucht seinen Vogel«, habe ich mal irgendwo gehört und finde es ganz passend. Ein Vogel bringt ein Stück Natur ins Haus und bereichert den Alltag eines Menschen. Es ist aber wichtig,

Durch gegenseitiges Kraulen drücken Nymphensittiche ihre Zuneigung aus.

dass Sie sich vor seiner Anschaffung überlegen, ob Sie ihn richtig pflegen können und Ihnen seine arteigenen Verhaltensweisen gefallen.

Warum gerade Nymphensittiche?

Nymphensittiche sind sehr gesellige Tiere und brauchen den Kontakt zum Partner, ob Mensch oder Artgenosse.

➤ Sie schließen sich eng an den Pfleger an und geben besonders einsamen Menschen und Kindern das Gefühl, gebraucht zu werden.

➤ Die Vögel verlangen viel Zuwendung und Beschäftigung (→ Seite 52).

➤ Die kleinen Kobolde bereichern den Alltag jedes Vogelliebhabers durch ihr nettes Wesen und ihre lustige Verspieltheit (→ Seite 55).

➤ Sie können bis zu 20 Jahre lang an Ihrer Seite sein.

Das Leben in der Natur

Die natürlichen Lebensbedingungen eines Tieres geben Ihnen wichtige Anhaltspunkte für die richtige Pflege als Heimtier. Der kleine Papagei lebt in Australien. Dort bewohnt er offenes Gelände, braucht aber immer die Nähe eines Gewässers. Häufig ist *Nymphicus hollandicus*, wie der Nymphensittich wissenschaftlich heißt, in Getreideanbaugebieten anzutreffen. Die Vögel leben paarweise oder in kleinen Schwärmen zusammen. Müssen sie wegen Futter- oder Wasserknappheit weiterziehen, bilden sie manchmal Schwärme von 1000 Tieren. In Australien

TIPP

Was Nymphensittiche brauchen

➤ Platz: Nymphensittiche brauchen einen großen Käfig, in dem sie die Flügel ausbreiten können (→ Seite 12).

➤ Licht: Der Stoffwechsel benötigt Sonne (→ Seite 42).

➤ Gesellschaft: Immer einen Partner, wenn nicht einen Artgenossen, so doch einen Menschen.

➤ Hygiene: Täglich frisches Wasser und Futter und ein sauberer Käfig sind wichtig (→ Seite 40).

➤ Flugstunden und Duschen: Täglich Freiflug und eine Dusche mit der Wasserspritze (→ Seite 41) halten fit.

Wann immer die wild lebenden Nymphensittiche Australiens eine Wasserstelle finden, wird in dieser ausgiebig gebadet.

sind alle Nymphensittiche grau (wildfarben) gefärbt. Sie ernähren sich von Grassamen, Früchten und Getreide (→ Seite 36). Da die Vögel im ganzen Land umherstreifen, ist ihr gutes Flugvermögen wichtig. Der schnelle Flug ist geradlinig und sie halten durch Rufe Kontakt zu den Artgenossen (→ Seite 25). Nur zur Nahrungsaufnahme und zum Trinken kommen die Tiere auf den Boden. In ihrer Heimat brüten Nymphensittiche zwischen August und Dezember gern in alten Astlöchern, vorausgesetzt, genügend Futter und Wasser sind vorhanden. Nur der unmittelbare Nesteingang wird vor Artgenossen verteidigt – das Zusammenleben ist sehr harmonisch. So kann ein ganzer Schwarm auf einem einzigen Baum brüten. Bereits um 1840 kamen Nymphensittiche auf Schiffen nach Europa, nur wenige Vögel überlebten diese Transporte. Die Zucht gelang erst um 1850, da man früher nicht wusste, dass die Tiere in Höhlen brüten und ihnen Nester anbot. Heute kann man den Nymphensittich als domestiziert ansehen, er unterliegt keinen Artenschutz-Verordnungen.

CHECKLISTE

Passen Nymphensittiche zu mir?

Können Sie folgende Fragen mit »Ja« beantworten?

Eine lange Zeit
✔ Möchte ich bis zu 20 Jahre lang für die Vögel sorgen?

Kleine Präsente
✔ Kann ich angenagte Möbel und Vogelkot tolerieren?

Urlaubsvertretung
✔ Ist die Pflege im Urlaub und bei einer Krankheit geregelt (→ Checkliste Seite 23)?

Animation
✔ Kann ich die Vögel genug beschäftigen (→ Seite 52)?

Allergien
✔ Leidet kein Familienmitglied unter einer Staub- oder Federallergie?

Nymphensittiche im Porträt

Die grauen, wildfarbenen Nymphensittiche besitzen ein farblich an ihre Umgebung angepasstes Gefieder. Aus ihnen züchtete der Mensch zahlreiche hübsche Farbvarianten.

Geperlter Weißkopf (Henne): Den Weißköpfen fehlt der gelbe und orangefarbene Anteil im Gefieder. Sie sind eine relativ neue Rasse, die nicht leicht zu züchten ist. Die Weißkopf-Farbe lässt sich mit einer Perlung oder Scheckung sehr schön kombinieren.

Gold-geperlte Henne (links) und Zimtperl-Schecke: Geperlte Weibchen behalten die hübsche Zeichnung, erwachsene Männchen sehen wildfarben aus.

Naturfarben: Die Henne (links) ist an der Querbänderung an der Schwanzunterseite zu erkennen, der Hahn an der leuchtend gelben Maske.

Lutino und gescheckte Henne (links): Ein zarter, gelber Hauch überzieht das weiße Körpergefieder der Lutinos, die rote Augen besitzen.

Perl-Schecke (Hahn): Weiße, unregelmäßig über den Körper verteilte Flecken sind das Markenzeichen der Schecken, hier kombiniert mit Perlung.

Albino: Durch das Fehlen aller Farbpigmente ist das Gefieder weiß und die Augen sind rot. Am Äußeren kann man das Geschlecht nicht bestimmen.

Zimtperl-Schecke: Bei den zimtfarbenen Vögeln ist der graue Anteil des Gefieders aufgehellt, der Körper hat einen zimtfarbenen Überzug.

Augen auf beim Kauf

Ihre Nymphensittiche werden etwa 15 bis 20 Jahre lang ihr Leben mit Ihnen teilen. Durch sorgsame Auswahl der Tiere werden Sie die besten Startbedingungen für die gemeinsame Zeit schaffen.

Rundum fit: Kaufen Sie nur gesunde, muntere und voll befederte Vögel.

Wo gibt es Sittiche?

Nymphensittiche kauft man an besten beim guten Züchter oder im kompetenten Zoofachhandel. Hier kann man meist unter mehreren Tieren und verschiedenen Farbschlägen auswählen. Auch große Warenhäuser oder Gartencenter haben oft eine Zooabteilung. Überzeugen Sie sich immer davon, dass das Personal gut geschult ist und die Bedürfnisse der Tiere kennt.

Sicher kaufen

Lassen Sie sich Zeit bei der Auswahl und beobachten Sie die Nymphensittiche genau. Wenn Ihnen an der Verkaufsanlage, den Vögeln oder dem Verhalten des Verkäufers etwas nicht gefällt, sollten Sie hier nicht kaufen. Ein Tier aus Mitleid zu erwerben, hätte bald den Besuch beim Tierarzt zur Folge: also lieber weitersuchen. Das gilt genauso, wenn Sie einen Vogel vom Tierschutz oder von privat (→ Seite 17) übernehmen.

Jungvögel: Kaufen Sie Vögel im Alter bis zu sieben Monaten, denn sie fassen besonders schnell Zutrauen zu Ihnen.

Die Unterbringung: Die Verkaufsanlage sollte sauber, hell und groß, Futter und Wasser ausreichend und frisch vorhanden und der Boden mit Sand eingestreut sein.

Munter: Aufgeplusterte und teilnahmslose Vögel sind häufig krank (→ Seite 44) und können die anderen angesteckt haben: aus diesem Gehege keinen Vogel kaufen!

TIPP

Junge Nymphensittiche erkennen

- Junge Nymphensittiche sind beim Verlassen des Nistkastens bereits voll befiedert. Ihr Gefieder wirkt aber etwas stumpfer als das eines erwachsenen Tieres.
- Jungvögel haben große und völlig dunkle Knopfaugen.
- Die Haube ist beim Jungtier meistens kleiner, darf aber nicht abgefressen oder lückenhaft aussehen.
- Der Schwanz ist kürzer und sieht abgerundet aus.
- Die Körpergröße der jungen Nymphensittiche ist noch etwas geringer als die der ausgewachsenen Vögel.

Aufgeweckt: Schlafen die Nymphensittiche, stimmt etwas nicht – Ihr Besuch sollte Aufmerksamkeit auslösen.
Friedlich: Wird ein Vogel ständig von seinen Artgenossen gehackt oder sitzt er verängstigt auf dem Boden, ist er vermutlich krank.
Entspannt: Beim Aussuchen sollte es ruhig sein, herrscht Hektik, sitzen auch kranke Tiere mit glattem Gefieder da.
Parasitenfrei: Am Schnabel, der Kloake und an den Füßen dürfen keine Auflagerungen sein (Anzeichen von Grabmilben → Tabelle Seite 43).
Gut in Form: Je zwei Zehen müssen nach vorne und nach hinten zeigen und der Vogel muss ohne Probleme seine Flügel ausbreiten können.
Kompetenz: Beantwortet der Verkäufer bereitwillig und kompetent Ihre Fragen? Ist er bemüht, Ihnen nur gesunde und einwandfreie Tiere zu verkaufen? Bietet er Ihnen Beratung nach dem Kauf an? Wichtig: Ein seriöser Züchter oder Händler wird Sie nicht zum Kauf überreden.
Fußring: Alle Nymphensittiche müssen beringt sein. Ringe mit Jahreszahl können nur den jungen Nestlingen angezogen werden (→ Seite 33).

Der Beginn einer langen Freundschaft zwischen Mensch und Vogel.

Partner gesucht

Nymphensittiche brauchen den engen Kontakt zum Partner. Wenn Sie also nicht viel Zeit am Tag für den geselligen Vogel aufwenden oder dies auf Dauer garantieren können, sollten Sie von vorneherein zwei kaufen (→ Seite 20). Wollen Sie mit den Tieren nicht züchten (→ Seite 30), bieten sich zwei junge, gleichgeschlechtliche Vögel an. Ob Sie sich für eine Männer-WG oder zwei Weibchen entscheiden, ist egal: Beide Geschlechter schließen sich gleich gut an ihre Menschen an.

CHECKLISTE

Gesundheits-Check auf einen Blick

Neugierig
✔ Ein gesunder Nymphensittich ist munter, zeigt Interesse an seiner Umgebung und an seinen Artgenossen.

Dichtes Gefieder
✔ Das Gefieder des Vogels muss lückenlos, gepflegt und glatt anliegend sein und darf nicht zerrupft aussehen.

Gesicht
✔ Die Augen blicken klar und sind wie die Nase des Vogels ohne Ausfluss (→ Seite 43).

Durchfall
✔ Die Kloake (der After eines Vogels) ist sauber und der Kot ist fest, nicht dünnflüssig (→ Tabelle Seite 43).

Die Wohlfühl-Ausstattung

Das Vogelheim ist für Ihre Nymphensittiche viele Stunden des Tages gleichzeitig Aufenthaltsort, Spielplatz, Zufluchtsort und Speisekammer. Auf seine Beschaffenheit und die Ausstattung sollten Sie besonderen Wert legen, damit Ihre Vögel sich darin so wohl wie möglich fühlen.

Leitern und Leckerbissen vertreiben Langeweile. Nymphensittiche brauchen viel Anregung, um sich wohl zu fühlen.

Je größer, desto besser

Dieses Motto bestimmt im Idealfall die Größe des Käfigs. Er sollte zwar mindestens 60 x 40 x 60 cm in Länge x Breite x Höhe besitzen, aber je größer, desto besser. Wichtig: Der Schwanz und die ausgebreiteten Flügel des Vogels dürfen nicht ständig mit den Gitterstäben in Berührung kommen, das ist den Tieren unangenehm und die Federn können brechen. Deswegen sollten die Stangen auch nicht zu dicht am Gitter montiert werden. Haben Sie sich doch für einen größeren Käfig entschieden, sollten Sie einen fahrbaren auswählen. Damit lässt sich das Vogelheim leicht auf den Balkon oder an ein Fenster schieben, damit die Sittiche die für sie wichtige Frischluft tanken können (→ Seite 42). Wenn Sie es noch eine Nummer größer haben wollen, können Sie im Zoofachhandel Volierenelemente in Standardgrößen kaufen, die Sie passend an dem zur Verfügung stehenden Platz im »Vogelzimmer« zuammenbauen können.

Lieblingsplatz: Ein harmloser Streit um einen begehrten Sitzplatz kommt auch bei den friedlichsten Vögeln einmal vor.

Der richtige Standort

Sie sollten sich vor der Anschaffung der Vögel Gedanken darüber machen, wo Sie den Käfig in der Wohnung platzieren wollen. Es gilt hier einige Grundregeln zu befolgen, damit sich Ihre Pfleglinge bei Ihnen wohl fühlen:

➤ Ein Platz möglichst nahe am Fenster bietet den Vögeln Abwechslung vom Alltag. Sie können die Vorgänge draußen beobachten und bekommen dadurch neue Reize.

➤ Zugluft ist Gift für Vögel und kann auch zu schweren Erkrankungen, wie Lungenentzündung, führen. Testen Sie mit einer Kerze, ob der gewählte Platz geschützt ist und vermeiden Sie Durchzug.

➤ Kurzes Lüften des Zimmers sorgt dagegen für die nötige Frischluft und ist für das Wohlbefinden Ihrer gefiederten Freunde sehr wichtig. Deswegen sollten Sie den Käfig an einem schönen Sonnentag auch auf die Terrasse stellen (→ Seite 42).

➤ Damit die Nymphensittiche ihre Umwelt überblicken können, sollte der Standplatz des Käfigs erhöht gewählt werden (etwa in menschlicher Brusthöhe). Das gibt ein Gefühl der Sicherheit.

➤ Stellen Sie den Vogelkäfig in einen Raum, in dem sich die Familienmitglieder viel aufhalten. So haben Ihre Nymphensittiche ständig Kontakt zu ihren Menschen.

➤ Trockene Heizungsluft in unmittelbarer Nähe oder starker Zigarettenrauch schaden der kleinen Vogellunge sehr. Stellen Sie den Käfig deshalb in einen anderen Raum, wenn zum Beispiel während einer Feier viel in dem Zimmer geraucht wird.

➤ Vögel können die hochfrequenten Töne des Fernsehers hören: Bitte Abstand halten.

TIPP

Das ideale Vogelheim

➤ Rund ist out: In runden Vogelheimen können sich die Tiere nicht orientieren, der Grundriss muss eckig sein.

➤ Horizontal: Klettern ist an senkrechtem Gitter unmöglich, deshalb Käfig mit waagrechtem Gitter aussuchen.

➤ Schlicht: Zierrat am Käfig ist unzweckmäßig, schwer zu reinigen und birgt Verletzungsgefahren für die Vögel.

➤ Praktisch: Zwei oder mehr, möglichst große Türen, erleichtern das Hantieren am Vogelheim.

➤ Leicht: Die Bodenschublade sollte gut gängig sein.

Das richtige Zubehör

Ich empfehle Ihnen, den Käfig schon einige Tage vor dem Einzug der Vögel zu kaufen, damit Sie ihn in aller Ruhe einrichten können. Das vermeidet unnötige Hektik, wenn die neuen Hausgenossen endlich da sind. Beschränken Sie sich auf das Notwendigste und verzichten Sie auf unnötigen Schnickschnack bei der Inneneinrichtung. Bedenken Sie: Die Nymphensittiche sollen sich bewegen, das hält fit! In der Natur wird ihnen auch nichts vor den Schnabel getragen.

Frisches und sauberes Trinkwasser muss immer zur Verfügung stehen.

Öko-Sitzstangen

Die Sitzstangen müssen so dick sein, dass die Sittiche sie mit den Zehen gerade umgreifen können. Dadurch nutzen sich die Krallen ab.

- Am besten geeignet sind Naturäste, die durch ihre unterschiedliche Beschaffenheit noch zusätzlich die Beinmuskeln trainieren.
- Das Benagen der Rinde macht Ihren Nymphensittichen Spaß und sie sind beschäftigt. Nebeneffekt: Dadurch werden ihnen wichtige Mineralstoffe zugeführt.
- Gut eignen sich Obstbaumzweige, Nussbaum, Birke und Pappel, die natürlich ungespritzt sein müssen.
- Nadelhölzer harzen häufig stark und können dadurch zu Verklebungen im Gefieder oder Verdauungsproblemen führen, wenn das Harz vom Vogel aufgenommen wird.
- Wählen Sie die Abstände der Stangen so, dass die Vögel mit dem Schwanz nicht ständig an die untere stoßen.
- Bringen Sie die Äste nicht zu tief an, Vögel sitzen gerne erhöht, um ihre Umgebung besser zu beobachten.
- Vor den Futternäpfen können die Stangen etwas tiefer als die Näpfe angebracht sein.
- Zu viele Stangen engen die Bewegungen der Tiere stark ein. Drei Stangen, in unterschiedlicher Höhe angebracht, reichen vollkommen aus. Kurze Wege müssen nicht sein: Die Nymphensittiche sollen sich zum Futter hinbewegen – das ist Beschäftigung und hält die Vögel fit.

Futter- und Wassernäpfe

Wählen Sie Futternäpfe aus Ton, Hartplastik oder Metall. Wichtig: Sie müssen leicht zu reinigen sein, um Krankheitserregern keine Chance zu geben (→ Seite 42). In den Käfig gehören mindestens drei Näpfe, jeweils einer für Trockenfutter, Obst- oder Keimfutter und Wasser. Sie sollten von der Größe zu den Vögeln passen. Von Futterspendern rate ich ab, sie können verstopfen, ohne dass man es merkt. Die Tiere haben dann nichts zu fressen, obwohl man sich sicher ist, genügend Futter anzubieten.

Vogelsand

Vogelsand gehört in jeden Käfig. Körnerfresser wie der Nymphensittich verschlucken Grit (→ Seite 39) und kleine Steinchen, um im Magen damit die Körner zu zerkleinern. Sie können den Käfigboden mit dem Sand bestreuen oder ihn in einem separaten Schälchen anbieten. Sandpapier, ob für den Boden oder für die Stangen, schädigt die Haut an den Füßen sehr stark. Der sehr geringe Nutzen wiegt die großen Schäden hierbei nicht auf, zumal die Vögel auch Schwierigkeiten haben, Sand von dem Papier zu lösen. Verwenden Sie Zeitungspapier oder Küchenrolle als Bodenbelag, müssen Sie darauf achten, dass die Tiere davon nichts aufnehmen.

Spielsachen

Nymphensittiche gehören nicht unbedingt zu den Vögeln, die sich viel mit den im Zoofachhandel angebotenen Spielsachen beschäftigen, Sie sollten Ihrem Liebling diese dennoch anbieten. Hierbei eignen sich Spielzeuge aus Holz oder Metall am besten (→ Tabelle Seite 53). Sisal- oder Wollspielzeug kann die Füße einschnüren oder zu Entzündungen im Verdauungstrakt führen, wenn es gefressen wird. Bedenken Sie: Spielzeug kann immer nur ein leidlicher Ersatz für die Beschäftigung mit dem Artgenossen oder Menschen sein.

Zwei Nymphensittiche sind glücklicher als einer allein und zeigen die ganze Palette ihres vielfältigen Verhaltensrepertoires.

Wichtiger Freiflug

Auch ein noch so schön eingerichteter Käfig kann den täglichen Freiflug (→ Seite 50) nicht ersetzen. Die Flugstunde kräftigt seine Muskulatur und bringt Abwechslung in sein Leben. Vögel mögen einen gewissen Rhythmus. Je regelmäßiger ein Tagesablauf ist, umso lieber ist er dem Vogel. Der Freiflug sollte für den Halter keine lästige Pflicht, sondern eine schöne Gelegenheit zur Zwiesprache mit den Tieren sein.

Fragen rund um Auswahl und Kauf

Wir möchten einen Nymphensittich kaufen. Ist die Haltung mit hohen Kosten verbunden?
Den größten Geldbetrag, eventuell mehrere hundert Euro, wird sicherlich der Käfig kosten, aber dies ist ja eine einmalige Anschaffung. Die Kosten für Futter, Vogelsand, Käfigeinrichtung und Spielsachen halten sich in Grenzen. Auch der Tierarzt kostet Geld, bei sachgemäßer Pflege benötigt ein Nymphensittich aber selten eine Behandlung. Für unvorhergesehene Fälle sollten Sie einen »Notbetrag« beiseite legen.

Ist es sinnvoll, unserer 65-jährigen Tante zum Geburtstag einen Nymphensittich zu schenken?
Sofern sich Ihre Tante einen Nymphensittich wünscht, ist dies unbedingt zu bejahen. Die Pflege des Vogels ist auch von älteren Menschen zu bewerkstelligen, noch besser, wenn Familienangehörige dabei behilflich sind. Der Nymphensittich ist ein guter Zuhörer und gibt das Gefühl, gebraucht zu werden. Seine Versorgung teilt den Alltag in kleinere Pflichten ein, was sehr gut den Tagesablauf einer älteren Person regelt.

Wir haben schon seit Jahren einen völlig zahmen Nymphensittich, sollen wir ihn nun noch verpaaren?
Wenn das Tier schon lange bei Ihnen im Haushalt lebt, ganz zahm und somit auf Menschen geprägt ist, hat es kein Bedürfnis nach einem Artgenossen. Ihm ist es wichtiger, dass der Mensch sich als sein vermeintlicher Partner mit ihm beschäftigt. Eine gut gemeinte Zwangsverpaarung würde keinem helfen. Sie hätten dann zwei einzelne Sittiche zu betreuen. Widmen Sie ihm viel Zeit und Aufmerksamkeit und er ist glücklich.

Ich halte meine Nymphensittiche in einer Freivoliere im Garten. Können die Vögel auch im Winter in der Voliere bleiben?
In ihrer Heimat sind Nymphensittiche ganz unterschiedlichen klimatischen

Hauptsache dabei: Die neugierigen Entdecker wollen alles genau untersuchen.

Verhältnissen ausgesetzt, tagsüber sehr heiß, nachts Temperaturen bis unter den Gefrierpunkt. Sie sind also auch Kälte gewohnt. Unsere nachgezüchteten Tiere vertragen die Kälte noch besser. Dennoch sollte in der Voliere ein frostfreies Schutzhaus vorhanden sein. Gibt es kein Schutzhaus, muss die Voliere im Winter z. B. mit einer Plastikfolie verkleidet werden.

? Wir haben zwei Nymphensittiche. Wie kann ich die Geschlechter der Vögel unterscheiden?

Bei Jungvögeln sehen die Geschlechter gleich aus. Bei wildfarbenen, erwachsenen Tieren (→ Seite 9) ist die Bestimmung einfach: Der Hahn hat eine tiefgelbe Gesichtsmaske, die einen starken Kontrast zum grauen Gefieder abgibt. Beim Weibchen ist das Gelb nur wenig und mit dem Grau des Gesichts vermischt vorhanden. Auch ist die Schwanzunterseite der Weibchen gelb-schwarz quer gebändert. Die Säume, also die Ränder der Schwanzfedern, sind beim Weibchen weißlich, beim Hahn grau. Größe und Farbe der roten Wangenflecken spielen keine Rolle, beide Geschlechter haben sie. Bei einigen Farbschlägen, wie z. B. Albinos und Lutinos (→ Seite 9), kann nur der Tierarzt durch eine Spiegelung oder DNA-Analyse das Geschlecht bestimmen. Einfachere Methode: Legt der Sittich Eier, ist es ein Weibchen.

? Kann unser achtjähriger Sohn schon einen Nymphensittich versorgen?

Vögel mögen es nicht, wenn sie geknuddelt werden, es gibt Heimtiere, die sich besser für Kinder eignen. Hat ein Kind dennoch den Wunsch nach einem Vogel, sollten Sie ihm diesen erfüllen, aber sich bewusst sein, das Sie als Erwachsener den Großteil der Pflege des Tieres übernehmen müssen. Die Betreuung ganz einem Kind zu überlassen, ist erst ab etwa 12 bis 15 Jahren zu verantworten (→ Seite 57). Der Nymphensittich ist aber für interessierte Kinder wegen seiner einfachen Pflege und Zutraulichkeit ein ideales Einsteigertier. Es können lange Jahre enger Freundschaft entstehen und das Kind lernt, Verantwortung zu übernehmen und kann ein Stück Natur erleben, was in der heutigen Zeit wichtig ist.

MEINE TIPPS FÜR SIE

Thomas Haupt

Der Second-Hand-Nymphensittich

- Versuchen Sie, bei einem Vogel aus zweiter Hand, so viel wie möglich vom bisherigen Besitzer über ihn zu erfahren (→ Seite 10).
- Ist der Nymphensittich zahm und lässt er sich auch von Kindern anfassen oder beißt er sofort zu?
- Hat er wegen schlechter Erfahrungen Angst vor bestimmten Personen, z. B. Männern mit Bart, langhaarigen Frauen oder Kindern?
- Ist der Vogel an Freiflug (→ Seite 50) gewöhnt und findet er zum Fressen allein in den Käfig zurück?
- Ist er nur auf Menschen geprägt oder eignet er sich zur Vergesellschaftung mit Artgenossen (→ Seite 16)?
- Welche Futtergewohnheiten hat er (→ Seite 36)?
- Hat der Nymphensittich schlechte Angewohnheiten, wie z. B. schrilles Pfeifen oder lautes Schreien?
- Welche Krankheiten hatte der Vogel (→ Seite 43)?

Kennenlern-Programm

Sanfte Eingewöhnung

Jeder Ortswechsel, zum Beispiel vom Züchter ins Zoofachgeschäft und dann vom Zoofachgeschäft zu Ihnen, ist für den Nymphensittich ein tiefer Einschnitt in sein bisheriges Leben. Um diese ungewohnte und auch stressige Situation für Ihren neuen Hausgenossen so erträglich und schonend wie möglich zu gestalten, sollten Sie folgende Hinweise beachten.

Sicher nach Hause

Sie erhalten Ihre Vögel in der Regel in einer geschlossenen Transportkiste aus Pappe, die Sie auch benutzen sollten. Hier ist es recht dunkel und die Verletzungsgefahr für die Tiere minimal. Transporte im Käfig haben oft starkes Flattern der Vögel zur Folge, besonders bei Tieren, die aus einer großen Voliere kommen: Verletzungen können dann leicht auftreten. Die Transportkiste eignet sich auch für einen Besuch beim Tierarzt oder den Transport in die Urlaubspflegestelle.

➤ Zuhause angekommen, halten Sie die Kiste direkt an die geöffnete Käfigtür und lassen den Vögeln Zeit, selbst aus der Kiste zu kommen, sie müssen sich erst orientieren. Wichtig: Niemals an die Kiste klopfen oder diese schütteln!

➤ Sind Ihre neuen Mitbewohner im Käfig, sollten Sie sich zurückziehen, damit sie Ruhe und Zeit haben, sich die neue Umgebung anzusehen und sich einzugewöhnen.

Spannende erste Tage

Für den Vogel sind die ersten Tage die schwierigsten. Alles ist neu und unbekannt.

➤ Verrichten Sie alle Handgriffe am Käfig in Ruhe und immer im gleichen Rhythmus. Das nimmt dem ungewohnten Geschehen die Bedrohlichkeit und die Tiere können sich darauf einstellen.

➤ Sind Ihre Vögel arg scheu, sollten Sie sich immer wieder in einiger Entfernung vom

Zirkusreif: Mit Geduld und viel behutsamem Training kann man den gelehrigen Vögeln sogar kleine Kunststücke beibringen.

Käfig hinsetzen und mit leisen Worten mit den Tieren reden. So lernen sie, dass von Ihnen keine Gefahr droht.

➤ Einige Nymphensittiche gewöhnen sich sehr schnell an die veränderte Umwelt und neue Menschen, andere dagegen brauchen dazu recht lange. Es kommt ganz auf das einzelne Individuum an.

➤ Als Regel gilt: Lassen Sie Ihren Vögeln so viel Zeit, wie sie benötigen. Bedrängen Sie die Nymphensittiche nicht, dies schadet der Beziehung Vogel – Mensch sehr.

Glücklich zu zweit

Zwei Nymphensittiche werden fast immer glücklicher als einer allein sein, denn als Schwarmvogel lieben sie es, Gesellschaft von Artgenossen zu haben. Ein Vogel allein wird zwar schneller und besser zahm als zwei Tiere, bei intensiver Betreuung kann aber auch ein Duo sehr zutraulich werden. Dafür sollten Sie die Vögel bis zu drei Wochen trennen und sich einzeln mit ihnen beschäftigen, um ihre ungeteilte Aufmerksamkeit zu bekommen. Sind sie zahm, sollten die beiden Vögel unbedingt zusammen gehalten werden.

1 Leckere Verführung

Bieten Sie dem Nymphensittich in den ersten Tagen Kolbenhirse durch das Gitter an. Sprechen Sie sanft mit ihm und er wird schnell merken, dass Sie Freundschaft schließen wollen.

2 Körperkontakt

Nähert sich Ihr Nymphensittich ohne Scheu Ihrer Hand, ist der Moment für den ersten Kontakt gekommen. Bieten Sie den Leckerbissen nun im Käfig an. Nimmt er ihn bereitwillig, können Sie Ihren neuen Freund schon behutsam streicheln.

3 Neuer Freiraum

Bald kommt der Tag, an dem Ihr Nymphensittich Sie schon freudig erwartet. Sie können nun den nächsten Schritt wagen und ihm auch außerhalb des Käfigs Leckerbissen anbieten. Ein Ast als Einstiegshilfe gibt dem Vogel die nötige Sicherheit.

4 Freundschaft

Ihr gefiederter Freund braucht keinen Bestechungshappen mehr und vertraut Ihnen nun völlig. Auf der Schulter oder dem Finger sitzend möchte er an Ihrem Leben teilhaben. Bei Ihnen zu sein und Sie zu beobachten ist das Größte für ihn.

Wichtige Nachtruhe

Nymphensittiche teilen sich ihre Ruhe- und Wachphasen so ein, wie sie es benötigen, das sollten Sie akzeptieren. Im Prinzip sind die Vögel aber so flexibel, dass sie sich Ihrem Tagesrhythmus anpassen können. Die Nachtruhe brauchen Ihre Nymphensittiche aber unbedingt. Die Vögel

Partner machen fast alles im Duett, sogar den täglichen Mittagsschlaf.

begeben sich kurz vor dem Schlafen, in der Regel meist zur gleichen Zeit, auf ihren Ruheplatz und richten sich für die Nacht ein. Nun sollten sie nicht mehr gestört werden. Damit sich die Tiere nicht verletzen können, wenn sie nachts vor Schreck einmal blind losflattern, sollten Sie ihnen zur Orientierung eine Nachtlampe mit schwachem Dämmerlicht (10 bis 20 Watt) installieren. Ich würde den Käfig nicht mit einem Tuch abdecken, dies gibt den Tieren das Gefühl, unter einem Netz gefangen zu sein.

Erfolgsrezept für eine lange Freundschaft

Gehen Sie Schritt für Schritt vor, um mit Ihren neuen Hausgenossen Freundschaft zu schließen (→ Seite 21).

Abstand halten: Verringern Sie den Abstand von Ihnen zum Vogelkäfig ständig ein wenig. Wichtig: Immer sanft mit dem Vogel reden.

Hand geben: Am Käfig angekommen, halten Sie erst die Hand an den Käfig und dann hinein, ohne das Tier zu beunruhigen. Achtung: Nicht von oben kommen, dies simuliert einen Feindangriff!

Erster Kontakt: Führen Sie Ihre Hand immer näher zum Vogel, bis er Sie seinen Bauch berühren lässt. Leichtes Streicheln und Leckerbissen aus der Hand brechen den Bann.

Lift: Versuchen Sie, den Vogel von unten leicht anzuheben und auf die Hand steigen zu lassen. Üben Sie so lange, bis er sicher auf Ihrer Hand sitzt.

Geschafft: Jetzt können Sie den Nymphensittich aus dem Käfig lassen. Er geht nun gern auf Ihre Hand und lässt sich in sein Heim zurückbringen. Achtung: Schnelle Bewegungen verleiten zum Wegfliegen!

TIPP

Zwei Vögel aneinander gewöhnen

- Nymphensittiche sind meistens verträglich, auch gleichgeschlechtliche (→ Seite 11) verstehen sich gut.
- 1. In einem großen Käfig oder einer Voliere können Sie beide Vögel direkt zusammen setzen und beobachten.
- 2. Streiten sich die zwei Vögel heftig, müssen sie in getrennten Käfigen nebeneinander gestellt werden.
- 3. Nach einigen Tagen können Sie die Vögel zusammen im »neutralen« Zimmer fliegen lassen. Wenn sie sich vertragen, können Sie sie wieder zusammen in den Käfig setzen. Wichtig: die Vögel beaufsichtigen!

Nymphensittiche und andere Heimtiere

Nymphensittiche können mit vielen anderen Heimtieren zusammen gehalten werden. Zur Sicherheit sollten Sie die ungleichen Tiere immer beim Freiflug beaufsichtigen, damit keines zu Schaden kommt.

Andere Vögel: Mit Wellensittichen, Grassittichen und sogar Kanarienvögeln oder Prachtfinken ist die Vergesellschaftung in einer großen Voliere meistens problemlos. Einzige Ausnahme sind die streitsüchtigen Unzertrennlichen/Agaporniden. Wichtig: Es muss genügend Ausweichraum vorhanden sein, damit die Vögel beim Brüten Reviere abstecken können. Dies erreichen Sie durch Strukturierung der Voliere mit Nischen und Ästen (→ Seite 14). Junge Vögel vertragen sich am besten, besonders, wenn sie noch nicht brüten.

Hunde: Hunde mit geringer jagdlicher Motivation interessieren sich selten für Vögel. Aber vor allem größere Hunde können die Vögel oft ungewollt schwer verletzen.

Katzen: Ihr ausgeprägter Jagdtrieb lässt den Nymphensittich als lohnende Beute erscheinen. Ist die Samtpfote noch klein und der Vogel wehrt sich von Anfang an mit seinem Schnabel, kann das Zusammenleben dennoch relativ friedlich funktionieren. Die Tiere trotzdem nie ohne Aufsicht lassen.

Hamster und Co.: Mit Nagetieren wie Meerschweinchen und Kaninchen klappt das Zusammensein fast immer ohne Zwischenfälle. Nachtaktive Tiere, z. B. das Chinchilla und der Hamster, können allerdings den Schlaf der Vögel sehr stören, umgekehrt ist es genauso. Deshalb sollten die Tiere in getrennten Räumen untergebracht werden.

Andere Tiere – kein Problem für Nymphensittiche.

CHECKLISTE

Urlaubs-Sitter

Frühbucher
- ✔ Kümmern Sie sich rechtzeitig vor Urlaubsbeginn um eine zuverlässige Pflegeperson.

Info
- ✔ Weisen Sie den Vogel-Sitter gründlich in die Pflege des Nymphensittichs ein (→ Steckbrief Seite 62).

Kontakt
- ✔ Hinterlassen Sie der Vertretung für den Notfall Ihre Urlaubsadresse und die Telefonnummer des Tierarztes.

Gute Freunde
- ✔ Freiflug gibt es nur, wenn die Vögel den Sitter gut kennen.

Sturmfrei
- ✔ Zwei Tage können die Vögel mit genügend Futter und Wasser allein bleiben.

Was Nymphensittiche alles können

Nymphensittiche sind kleine, schlaue Papageien. Mit ihrem Sprachtalent kommen sie zwar nicht an ihre kleinen Verwandten aus Australien, die Wellensittiche heran: Bei der Neugierde können sie es

Das stolze naturfarbene Männchen präsentiert seine schöne Federhaube.

durchaus mit ihnen aufnehmen. So wird man auch nicht müde, die kleinen Kobolde bei ihren Entdeckungstouren immer wieder zu beobachten.

Sinnesleistungen

Alles Neue wird von den Gesellen mit dem Schnabel und der Zunge eingehend untersucht, zuvor betrachten sie es ausgiebig. Vorsicht: Dabei machen die Vögel auch keinen Halt vor heißen Gegenständen oder gesundheitsschädlichen Substanzen (→ Checkliste Seite 50).

Sehen: Das Sehen ist der am besten entwickelte Sinn der Nymphensittiche. Sie fühlen sich am sichersten, wenn sie ihr gesamtes Umfeld überblicken können. Ein Feind hat keine Chance, sich unbemerkt zu nähern, da die Augen den Vögeln fast eine Rundumsicht ermöglichen. Das Farbensehen ist bei Vögeln sehr gut ausgebildet, da Farben in der Balz, bei der Nahrungssuche und beim Erkennen von Feinden eine große Rolle spielen. Sie können sogar Farben sehen, die wir mit unseren Augen gar nicht wahrnehmen können. Wichtig beim schnellen Flug: Mit ihren kleinen Knopfaugen verarbeiten Nymphensittiche etwa fünf Mal mehr Bilder pro Sekunde als wir Menschen. Ein Fernseher wirkt für sie dann wie eine Dia-Schau.

Hören: Ein gutes Gehör ist wichtig für das Überleben in der Natur. Darum ist auch dieser Sinn sehr gut ausgebildet und die Tiere können sich

TIPP

Was die Haube sagt

- Liegt die Haube fest und glatt am Kopf an und zeigt die Spitze leicht nach oben, fühlt sich der Vogel wohl.
- Steht der Kopfschmuck senkrecht, hat etwas die Aufmerksamkeit des Nymphensittichs geweckt.
- Bei stark gefächerter, fast nach vorne gestellter Haube, ist das Tier stark erregt und angespannt.
- Ist die Haube fast völlig verschwunden und nach hinten gekippt und faucht der Nymphensittich auch noch dabei, ist er sehr unsicher und ängstlich.

1 Gruppenarbeit

Das Single-Leben gefällt den geselligen Nymphensittichen überhaupt nicht. In der Gruppe gibt es ständig was zu erleben. Beschäftigt sich ein Artgenosse mit einem Leckerbissen oder hat er etwas entdeckt, ist sofort ein Kollege zur Stelle, der sich die Sache genauer anschauen will: Gemeinsame Abenteuer machen doppelt Spaß.

2 Stuntman

Kopfstand für einen begehrten Snack? Kein Problem für die kletterbegabten Australier. Turnen gehört zu ihren Lieblingsbeschäftigungen und eine mit Leckerbissen gespickte Leiter oder ein Kletterbaum (→ Seite 51) animieren die Vögel zu akrobatischen Höchstleistungen. Doppelter Nutzen: Beschäftigung und Muskeltraining.

über weite Strecken verständigen. Vertraute Laute erregen kaum Aufmerksamkeit, neue Töne dagegen können die Vögel sehr erschrecken. Sie nehmen ein größeres Tonspektrum als ein Mensch wahr. Probieren Sie aus, welche Töne oder welche Musikrichtung Ihren Vögeln besonders gut gefällt: Einige mögen Klassik, andere lieber Pop.

Schmecken: Vögel haben keinen so gut entwickelten Geschmackssinn wie wir Menschen. Dies ist in der Natur auch nicht vonnöten. Die Tiere lernen von den Eltern, was bekömmlich ist. Süß, salzig, bitter und sauer kann ein Vogel aber durchaus unterscheiden. So können sich auch bei Ihren Nymphensittichen mit der Zeit Vorlieben für bestimmte Leckerbissen, wie z. B. Salzkräcker (aber bitte in Maßen!) entwickeln.

Riechen: Der Geruchssinn ist bei Vögeln noch nicht sehr gut erforscht. Es ist jedoch wahrscheinlich, dass sie verschiedene Gerüche wahrnehmen können. Vermeiden Sie daher reizende Substanzen wie Farben, Rauch, Lacke oder Desinfektionsmittel.

Verständigung

Nymphensittiche verständigen sich untereinander durch Rufe und Gebärden sowie die Stellung ihrer Haube (→ Tipp Seite 24). Kontaktrufe dienen auch über weite Entfernungen dem Zusammenhalt im Schwarm und mit dem Partner, auch mit dem vertrauten Menschen. Fühlt ein Vogel sich bedrängt, gibt er zur Abwehr eine Art Fauchen von sich, das schon die Jungen im Nistkasten hören lassen. Die Kopfhaube dient zusätzlich als Stimmungsbarometer der geselligen Nymphensittiche.

Typisch Nymphensittich

Nymphensittiche haben eine ganze Palette typischer Verhaltensweisen, die Sie ständig wieder beobachten können.

Dehnübung: Das Ausstrecken eines Beines und des dazugehörigen Flügels mit anschließendem Zurückziehen dient der Lockerung der Muskulatur. Die Zehen sind dabei oft eingezogen. Sie können es mit unserem »Sich-Strecken« vergleichen.

Schnabelpflege: Durch das Reiben des Schnabels an der Sitzstange reinigt ein Vogel ihn von Futterresten und feilt kleine Unebenheiten glatt.

Schlafposition: Die Vögel schlafen mit dem Schnabel im Rückengefieder vor allem dann, wenn sie sich sicher fühlen. Dabei dreht ein Tier seinen Kopf um 180 Grad, der Schnabel ruht auf dem leicht geplusterten Rückengefieder. Das Ruhen und Schlafen auf einem Bein dient der Entspannung und Entlastung des anderen Beines. Besonders wichtig ist diese Haltung bei Nymphensittichen, die auch im Winter draußen in der Freivoliere gehalten werden (→ Seite 16). Das jeweils eingezogene Bein wird am Körper aufgewärmt. Sollte ein Vogel nur noch ein Bein haben, kann er zwar problemlos darauf ruhen, darf aber im Winter nicht im Freien gehalten werden.

Angeber: Das seitliche Wegstrecken beider Flügel und gleichzeitige hin und her laufen auf einer Stange ist Teil der Balz des Männchens (→ Seite 30). Es ist eine Art Imponiergehabe, um der Auserwählten zu gefallen. Der Hahn senkt dabei den Kopf und bringt den Körper somit in eine schräge Stellung, wobei der Schwanz steil nach oben zeigt. Ist ein männlicher Nymphensittich auf einen Menschen geprägt, so kann es sein, dass der Vogel Sie auf diese Weise anbalzt: Werten Sie dies als Kompliment.

Streithähne: Wenn Sie zwei Tiere halten, kann es auch einmal zu kleinen Streitereien kommen. Hierbei drohen die Tiere sich gegenseitig mit geöffnetem Schnabel und geben einen schrillen Drohlaut oder das schon angesprochene Fauchen (→ Seite 25) von sich. Die Haube ist dann steil aufgerichtet. Hilft so eine

Streithähne: Wird eine Auseinandersetzung zu heftig, müssen Sie in die Hände klatschen, damit die Vögel sich trennen.

Drohung noch nicht, kann es auch zu Schnabelhieben kommen. Wenn eine solche Situation einmal eskaliert und es zu blutigen Wunden kommt, müssen Sie die Nymphensittiche sofort trennen!

Top in Form: Die Gefiederpflege (→ Seite 41) ist für alle Vögel eine der wichtigsten Tätigkeiten überhaupt. In der Natur gewährt nur ein intaktes Federkleid Schutz vor Wettereinflüssen und eine schnelle Flucht vor Feinden. Aber auch bei Menschen lebende Vögel putzen sich mehrmals täglich. Ein Nymphensittich kann am Tag mit Unterbrechungen bis zu drei Stunden mit Putzen, Sortieren und Ordnen seines Gefieders beschäftigt sein. Beim Ausschütteln, einer Rüttelbewegung des ganzen Körpers, wird der Vogel Staub los und jede Feder liegt wieder ordentlich an ihrem Platz. Das Plustern des Gefieders dient der Wärmeregulation: Es entsteht ein isolierendes Luftpolster. Der Nymphensittich tut dies, wenn er friert. Ist es im Zimmer aber warm und der Vogel plustert ständig sein Gefieder auf, kann dies ein Anzeichen einer ernsten Erkrankung sein (→ Seite 44).

Welcher Verhaltenstyp ist Ihr Vogel?

Beobachten Sie jeden Vogel für sich:	Ja	Nein
1. Beansprucht Ihr Vogel den Futternapf ganz für sich allein und jagt er andere Vögel weg?	☐	☐
2. Untersucht er jeden neuen Zweig und andere Einrichtungsgegenstände eingehend?	☐	☐
3. Lässt er sich durchs Gitter den Kopf kraulen?	☐	☐
4. Untersucht der Nymphensittich beim Freiflug auch dunkle Ecken und Nischen?	☐	☐
5. Beschäftigt der Vogel sich sofort interessiert mit einem neuen Spielzeug?	☐	☐
6. Ist er ruhig, wenn Sie sich dem Käfig nähern?	☐	☐
7. Richtet Ihr Vogel seine Federhaube oft auf?	☐	☐
8. Streitet er um die besten Schlafplätze?	☐	☐
9. Bleibt Ihr Nymphensittich in ungewohnten Situationen eher ruhig und entspannt?	☐	☐
10. Traut er sich an fremden Orten aus dem Käfig?	☐	☐

8–10-mal Ja: Unerschrocken, etwas dominant, mit einer gehörigen Portion Mut.
5–8-mal Ja: Überlegt, bevor er handelt, mittlere Position in der Hierarchie.
4–0-mal Ja: Ein eher schüchterner Vogel, der sich am wohlsten in einer Gemeinschaft fühlt, die ihm Sicherheit gibt und wo er seinen festen Platz hat.

Kleiner Schlaumeier

Bei Dingen, die sich ständig wiederholen, durchschauen Nymphensittiche schnell den Mechanismus. So erkennen sie z. B. rasch, wie die Käfigtür zu öffnen ist. Ist der Verschluss dann auch noch sehr leichtgängig, gelingt es den Vögeln oft, ihn zu öffnen und sich selbst Freiflug zu verschaffen: Vorsicht bei geöffneten Fenstern! Ein Karabinerhaken an der Tür des Vogelheims schafft aber Abhilfe. Wie alle Papageien verfügen auch Nymphensittiche über ein ausgezeichnetes Erinnerungsvermögen. Sie prägen sich die Verstecke für die Leckereien ein und werden sich ganz genau merken, wer zu ihnen freundlich war – alte Freunde vergessen sie nie. Sie wissen aber auch, wer sie früher einmal geärgert hat.

Verhaltensdolmetscher

Nymphensittiche

Kennen Sie die Nymphensittichsprache? Hier erfahren Sie, was Ihr Tier mit seinem Verhalten ausdrücken möchte ? und wie Sie richtig darauf reagieren →.

Der Nymphensittich zieht eine Feder durch den Schnabel.

? Zur Gefiederpflege des Vogels gehört das ausgiebige Putzen jeder einzelnen Feder.
→ Die Sittiche verbringen viel Zeit mit der Gefiederpflege, dabei bitte nicht stören.

Zwei Nymphensittiche fauchen, einer spreizt die Flügel.

? Der Schecke hat sich zwischen die Vögel gedrängt und möchte den linken vertreiben.
→ Streit kommt vor. Bei heftigen Kämpfen einschreiten und in die Hände klatschen.

Die Henne krault ihrem Partner hingebungsvoll den Kopf.

? Nymphensittichpaare pflegen so den Zusammenhalt und festigen damit ihre Bindung.
→ Beobachten und genießen Sie das traute Glück der Vögel.

Das naturfarbene Männchen spitzt erregt seine prachtvolle Kopfhaube.

? Es hat etwas entdeckt, das seine Neugier weckt.
→ Stören Sie den aufmerksamen Vogel nun nicht.

Das Weibchen spreizt und streckt seine Flügel.

? So trainieren die Nymphensittiche ihre Flugmuskulatur und lockern das Gefieder.
→ Es möchte fliegen, bieten Sie ihr die Gelegenheit dazu.

Der geperlte Hahn knabbert mit Eifer an einem grünen Blatt.

? Alles Neue wird untersucht. Naturäste bringen Abwechslung und führen Mineralstoffe zu.
→ Bieten Sie dem Vogel häufig frische Zweige mit Blättern an.

Nachwuchs im Vogelheim

Nymphensittiche gehören zu den Papageienvögeln, die sich relativ leicht züchten lassen. Man benötigt aber dennoch eine amtliche Zuchtgenehmigung (→ Seite 33) vom Veterinäramt. Nur so kann man die benötigten Fußringe erwerben, ohne die die Jungvögel nicht abgegeben werden dürfen. Stellen Sie aber vorher sicher, dass es gute Plätze für den Nachwuchs gibt.

Balz und Paarung

Züchten sollten Sie mit den Vögeln erst, wenn sie mindestens ein Jahr alt sind. Für Höhlenbrüter wie den Nymphensittich eignen sich Kästen aus unbehandeltem Holz im Hoch- oder Querformat, wie sie im Zoofachhandel angeboten werden. Besonders gern mögen die Vögel Naturstamm-Nisthöhlen. Finden zwei Nymphensittiche Gefallen aneinander, kuscheln sie häufig und sind oft zusammen unterwegs. Gegenseitige Gefiederpflege steht bei den Verliebten hoch im Kurs. Ebenso werden die Köpfe gekrault und Küsschen gegeben. Als Balz trägt das Männchen einen besonderen Gesang vor, läuft mit gespreizten Flügeln und breitem Schwanz auf der Stange entlang und klopft zeitweise mit dem Schnabel auf die Stange. Auch mehrmaliges Verbeugen vor der »Angebeteten« gehört dazu. Gefällt der Henne die Werbung des Hahns, erfolgt bald die Paarung. Gut eine Woche danach beginnt das Weibchen mit der Eiablage, alle zwei Tage kommt dann ein Ei hinzu. Die vier bis sechs Eier werden 18 bis 21 Tage lang von beiden Eltern bebrütet, während das Weibchen meist nachts und, je nachdem, wie die Brutwilligkeit des Männchens ist, auch tagsüber brütet.

1 Haussuche

Der Hahn begutachtet den Nistkasten. Bieten Sie mehrere Kästen zur Auswahl an, damit die Vögel sich den passenden aussuchen können.

2 Hochzeit

Die Paarung erfolgt meistens mehrmals täglich. Häufig sind quietschende Laute zu hören. Kein Grund zur Beunruhigung: Die Vögel dabei nicht stören.

3 Kinderschar

Größenunterschiede bei den Küken sind normal. Die Kleinen hier sind 9 bis 11 Tage alt. Gut zu erkennen sind die zarten, gelben Federdunen.

Sicher groß werden

Die Küken schlüpfen in der Reihenfolge, wie die Eier gelegt wurden, was nach einiger Zeit deutliche Größenunterschiede bringt. Die kleineren Geschwister werden von den Eltern jedoch meistens genauso fürsorglich gepflegt wie die großen. Die Tiere benötigen viel Ruhe, starke Manipulationen am Nistkasten können junge Paare verleiten, das Nest zu verlassen. Passen Sie bei Nestkontrollen (→ Seite 33) den Moment ab, wenn die Eltern Freiflug haben. Einige Vögel würden vielleicht ihre Jungen verteidigen und zubeißen. Unbefruchtete Eier sollten Sie nicht gleich entfernen, sie schützen und wärmen die kleineren Nestlinge. Verschmutzte Eier dürfen nicht gesäubert werden, dies zerstört deren wichtige Schutzschicht. Ist der Nistkasten innen sehr verschmutzt, können Sie die Jungen in eine Schüssel setzen und die Einstreu auswechseln. Während der Aufzucht sollten Sie als Kraftnahrung Keimfutter (→ Seite 38) geben, dem Sie hart gekochtes Ei oder spezielles Aufzuchtfutter für Sittiche aus dem Zoofachhandel beimengen.

Liebesbeweis: Ein vertrautes Paar pflegt sich gegenseitig das Gefieder.

Familienplanung

Wollen Sie keinen Nachwuchs im Vogelheim haben, dürfen Sie dem Paar keinen Nistkasten anbieten, dieser regt den Bruttrieb an. Hat das Weibchen trotzdem Eier gelegt, sollten Sie diese nicht zu früh entfernen, es würde sofort neue nachlegen. Stechen Sie die Eier lieber mit einer dicken Nadel an beiden Enden tief an, das verhindert die Embryoentwicklung. Sie können die Eier ebenfalls gegen Attrappen gleicher Größe und Farbe aus dem Zoofachhandel austauschen.

CHECKLISTE

Die Entwicklung der Jungvögel

Frisch geschlüpft
- ✔ Die Nestlinge wiegen ca. 5 g, die Haut ist rosa und die Augen sind geschlossen.

Nach 4 bis 5 Tagen
- ✔ Sie wiegen 15 g, öffnen die Augen, piepsen Bettellaute.

Nach 10 Tagen
- ✔ Sie wiegen 35 g, heben den Kopf, erste Federn sprießen.

Nach 20 Tagen
- ✔ Sie wiegen 60 g, der Wangenfleck ist zu sehen.

Mit etwa 30 Tagen
- ✔ Das Gefieder ist vollständig, erste Flugversuche.

Mit etwa 38 Tagen
- ✔ Die Kleinen fangen an, selbstständig zu fressen.

Fragen rund um Verhalten und Nachwuchs

? Mein sehr zahmer Nymphensittich rupft sich Federn am Bauch aus. Woher kommt das und was kann ich dagegen tun?
Je zahmer ein Vogel ist, umso eher hat er das Gefühl, allein gelassen zu werden, denn er möchte so viel Zeit wie möglich mit seinem Ersatzpartner verbringen. Das Federrupfen ist dann eine Ersatzbeschäftigung, noch eher bei großen Papageien als bei Sittichen. Versuchen Sie, ihrem Tier in Ihrer Abwesenheit viel Abwechslung durch Spielzeug (→ Tabelle Seite 53) oder einen Artgenossen zu bieten.

? Ich möchte mehrere Nymphensittiche in einer Voliere zusammen halten. Müssen es immer Paare sein, die ich zusammensetze?
Nein. Nymphensittiche sind Schwarmvögel. Das Leben in einer größeren Gruppe entspricht ganz ihren Anforderungen. Hier können sie ihre vielfältigen Verhaltensweisen richtig ausleben. Es ist daher nicht so schlimm, wenn das Geschlechtsverhältnis nicht 1:1 ist, in der freien Natur ist das auch nicht immer der Fall. Auch die überzähligen Tiere agieren mit der Gruppe und finden Anschluss.

? Wir wohnen in einer Mietwohnung. Können das Geschrei und die Rufe von Nymphensittichen meine Nachbarn stören?
Vögel gehören zu den Tieren, die man in jeder Wohnung halten darf. Man sollte jedoch immer Rücksicht auf seine Nachbarn nehmen. Die Stimme der Sittiche kann schon manchmal recht laut sein. Halten Sie zu den Ruhezeiten die Fenster geschlossen. Auch sind Sittiche Frühaufsteher: Somit ist es an Sonntagen wichtig, dass nicht zu früh Tageslicht zu den Tieren dringt, da sie dann mit ihrem Frühkonzert beginnen. Wenn Sie darauf achten, werden Sie keine Probleme mit Ihren Nachbarn bekommen. Nymphensittiche gehören zu den Kleintieren, für die man im Rahmen der normalen Haltung keine Genehmigung des Vermieters benötigt.

Bunt: Auch die verschiedenen Farbschläge lassen sich problemlos vergesellschaften.

Mein Nymphensittichweibchen liebt es, in einem dunklen Pappkarton zu sitzen. Soll ich ihr einen Nistkasten anbieten?
Davon rate ich Ihnen ab. Der Pappkarton ist eine Art Ersatzhöhle für Ihren Vogel. Er entspricht aber wohl noch nicht ganz den Vorstellungen des Tieres, sonst hätte es schon Eier gelegt. Wenn Sie nun einen Nistkasten anbieten, der auf die Bedürfnisse des Nymphensittichs zugeschnitten ist, kann es sein, dass Ihr Tier den Kasten kaum noch verlässt und ständig Eier legt. Das würde das Weibchen auf Dauer sehr schwächen. Lassen Sie ihr den Pappkarton als Ersatz.

Ich bin den ganzen Tag berufstätig. Soll ich meinen beiden Nymphensittichen auch während meiner Abwesenheit Freiflug geben?
Nein, dies ist unbedingt zu vermeiden. Auch in einem normalen Haushalt lauern für die Vögel überall Gefahren (→ Checkliste Seite 50). Sie können aus Neugierde in eine Blumenvase fallen und daraus nicht mehr entkommen, ein Verheddern in den Gardinen ist möglich und der Nymphensittich kann sich nicht von alleine befreien. Beim panischen Versuch zu entkommen, verletzen die Tiere sich dann oft schlimm. Freiflug ist wichtig, darf aber nur gewährt werden, wenn Sie zu Hause sind und die Vögel beobachten können.

Unser Nymphensittichpärchen hat Junge. Dürfen wir die Nestlinge in die Hand nehmen?
Ja. Sie können die Kleinen schon ab dem ersten Tag in die Hand nehmen, sollten dies aber nur tun, wenn ein Junges unterernährt ist. Ansonsten reicht ein täglicher Blick durch die Kontrollklappe vollkommen aus. Nymphensittiche sind in ihrem Wesen recht unkompliziert, sie nehmen einem eine Nistkastenkontrolle in der Regel nicht gleich übel, einige aber verteidigen ihre Jungen energisch. Da Nymphensittiche, wie fast alle Papageienvögel, nicht gut riechen können, stört die Elterntiere auch der menschliche Geruch an den Nestlingen nicht. Nur ganz wenige Paare verlassen ihre Jungen oder verbeißen diese, wenn man in den Nistkasten schaut.

MEINE TIPPS FÜR SIE

Thomas Haupt

Rechtsinfo zur Zucht

Die Zucht ist mit behördlichen Auflagen verbunden.

- Vor der Zuchtprüfung auf dem staatlichen Veterinäramt kommt ein Beamter zu Ihnen nach Hause und kontrolliert die Haltung Ihrer Nymphensittiche.
- Sie müssen einen Quarantäneraum nachweisen, hier genügt aber in der Regel das Badezimmer.
- Es folgt eine mündliche Sachkundeprüfung über Vogelhaltung, Krankheiten (insbesondere über Psittakose → Tabelle Seite 43), Tierschutz, Haltung und Pflege der Vögel.
- Haben Sie die Prüfung bestanden, sind Sie durch das Zertifikat berechtigt, amtliche Ringe zu beziehen. Diese Ringe müssen alle Papageien in Deutschland beim Verkauf tragen.
- Geschlossene Ringe gibt es beim Zuchtverband, offene beim ZZF (→ Seite 60).
- Sie müssen über jeden Nymphensittich in Ihrem Bestand Buch führen.

Fit-und-gesund-Programm

Lecker und gesund

Unsere Vögel haben gegenüber ihren Artgenossen in der Natur den Vorteil, dass sie sich ihr Futter nicht selbst suchen müssen, sondern am gedeckten Tisch sitzen. Deshalb müssen wir sicherstellen, dass das Futter den Bedürfnissen der Vögel gerecht wird und ihnen nicht schadet.

Seien Sie kreativ, wenn Sie Ihren Nymphensittichen Obst und Gemüse anbieten – eine bunte Palette regt deren Sinne an.

Körner als Basisfutter

Als Grundnahrung eignet sich die im Fachhandel angebotene »Großsittich- oder Nymphensittichmischung«.

Ausgewogen: Achten Sie darauf, dass die Mischung eine abwechslungsreiche Körnervielfalt, z. B. verschiedene Hirsesorten, Glanzsaat, Hafer, Weizen, Hanf, Kadisaat sowie Sonnenblumenkerne enthält.

Fettarm: Die fetthaltigen Sonnenblumenkerne, wie auch Hanf und Nüsse, sollten nur sparsam verfüttert werden, da sie schnell zur Verfettung der Vögel führen.

Fressdauer: Fetthaltige Samen sättigen die Vögel zu schnell und sie müssen weniger Zeit für die Futteraufnahme verwenden, was zu Langeweile führt. Kleinere Körner beschäftigen das Tier recht lange, da es, um satt zu werden, ungleich länger fressen muss. Gesunder Nebeneffekt: Durch ihren hohen Ballaststoffanteil regen diese Körner die Darmtätigkeit an.

Frisch: Achten Sie immer auf die Frische des Futters. Alte Körner enthalten kaum noch

Feldsalat enthält viele wichtige Vitamine. Achten Sie aber immer darauf, dass die Vögel nur ungiftige Pflanzen fressen.

Inhaltsstoffe. Achten Sie deswegen unbedingt auf das Haltbarkeitsdatum. Ein gutes Mittel, um die Frische des Futters festzustellen, ist die Keimprobe (→ Seite 38).

Ungenießbar: Nicht mehr verfüttern sollten Sie ranzig gewordene, fetthaltige Samen, Körner, die von Schimmelpilz befallen sind (passiert häufig bei feucht gelagertem Futter, zu erkennen an den weißlich-grauen Belägen und am muffigen Geruch), faules Futter (riecht unangenehm und hat schmierige Beläge) sowie von Futtermotten befallene Körner (spinnfädenartige Verklumpungen), denn die Motten können auch auf andere Lebensmittel übergreifen.

Grüne Verführung

Natürliche Vitamine halten Ihren Nymphensittich fit und gesund und bereichern den Speisezettel. An Obst und Gemüse können Sie fast alles verfüttern, was es auf dem Markt zu kaufen gibt. Lediglich auf Kohl, Kartoffeln, Blattsalat und Zitrusfrüchte sollten sie verzichten. Der Vogel wird schnell Vorlieben für bestimmtes Frischfutter entwickeln, sie sollten aber trotzdem eine vielfältige Auswahl anbieten, sonst wird der Nymphensittich zum mäkeligen Fresser erzogen. Eine besondere Delikatesse sind frische Kräuter und Wildpflanzen. Gern genommen werden Vogelmiere, Löwenzahn, Basilikum, Petersilie, Kerbel und Rispengras sowie Blut- und Fingerhirse, Zaunwicke, Gänseblümchen, Sauerampfer, Hirtentäschelkraut und Wasserkresse. Wichtig: Das Grünfutter darf nicht mit Insektenmitteln behandelt oder mit Schadstoffen belastet sein! Gekauftes Obst und Gemüse müssen gründlich gewaschen werden.

TIPP

Mehr Spaß beim Füttern

- Farbentest: Geben Sie an einem Tag zusätzlich zum Grundfutter nur rotes, am nächsten Tag nur grünes Obst usw. Das fördert den Entdeckertrieb des Vogels.
- Von der Rolle: Verstecken Sie Kolbenhirse in Papprollen, die Sie an den Enden mit Papier verschließen.
- Versteckspiel: Bieten Sie Futter immer an anderer Stelle an, aber beachten Sie, dass der Vogel es findet.
- Signal: Verbinden Sie die Fütterung mit einem bestimmten Wort, die Vorfreude ist dann größer.

Keim- und Quellfutter

Keim- und Quellfutter sind sehr hochwertige Nahrungsmittel. Sie bereiten zwar etwas mehr Arbeit bei der Herstellung, sind aber besonders gesund und bekömmlich für den Vogel. Durch die Quellvorgänge ist das Futter leichter verdaulich und deutlich gehaltvoller als trockene

Signalwirkung: Rote Früchte sind häufig besonders beliebte Snacks.

Sämereien. Vitamine und andere Inhaltsstoffe werden mobilisiert. Besonders bei der Jungenaufzucht leistet es wertvolle Dienste. Jungvögel, die gerade lernen, selbst zu fressen, können die Keime leichter enthülsen.

Quellfutter: Dafür verwende ich handelsübliches Futter, angereichert mit Mais, Bohnen, Erbsen und Getreide, in der benötigten Menge (→ Seite 39). Dies gebe ich in eine Schüssel mit Wasser, die Körner müssen vollständig bedeckt sein. Nach zwölf Stunden in einem Sieb unter fließendem Wasser gut durchspülen, dann verfüttern, eventuell noch etwas Obst (→ Seite 37) sowie Ei- oder Insektenfutter aus dem Zoofachhandel als Proteinquelle beimischen.

Keimfutter: Das Quellfutter muss nach dem Abspülen noch einen Tag einweichen, danach wird es erneut abgespült. Dann hänge ich das Sieb in eine Schüssel, decke es mit einem Handtuch ab und lasse es zum Keimen weitere 24 bis 48 Stunden bei Zimmertemperatur stehen. Ich verfüttere es, sobald der Keimling zu sehen ist. Wenn Sie dieses Futter täglich reichen wollen, sollten Sie mehrere Siebe ansetzen, um ein Faulen des Futters zu verhindern. Achtung: Faules Futter nicht mehr verfüttern!

Leckerbissen

Kolbenhirse ist ein beliebter Leckerbissen und wird auch von kranken und jungen Vögeln sehr gern genommen. Verwöhnen Sie die Tiere aber nicht damit: Gut fünf Zentimeter pro Tag reichen für gesunde Vögel aus! Harte Honigkräcker aus dem Zoofachhandel beschäftigen die Nymphensittiche recht gut, liefern aber eine Menge Kalorien – im Gegenzug muss das Körnerfutter etwas reduziert werden. Noch besser zur Beschäftigung sind Naturzweige, die gern beknabbert werden und dabei wichtige Mineralien liefern. Belohnen können Sie den Nymphensittich auch mit Sonnenblumenkernen oder geschälten Haselnüssen – aber in Maßen. Achtung: Erdnüsse enthalten häufig Pilzsporen, die den Vogel krank machen können (→ Tabelle Seite 43).

Futterzusätze

Um ganz sicherzugehen, dass Ihr Vogel rundherum gut versorgt ist, sollten Sie ihm einige Extras anbieten.

Vitamine: Trotz der Fütterung mit Frischfutter sollten Sie Ihrem Nymphensittich ein bis zwei Mal pro Woche

Vitamine über das Trinkwasser verabreichen. Lassen Sie sich von Ihrem Tierarzt ein Multivitaminpräparat für Vögel geben und halten Sie sich unbedingt an die Dosieranleitung: Eine Überdosierung ist auf Dauer schädlich!

Mineralstoffe und Spurenelemente: Der Nymphensittich braucht diese Stoffe zum Aufbau von Knochen, Federn und bei der Eibildung. In der Natur nehmen die Vögel zur Deckung ihres Bedarfes mineralhaltige Erde auf. Als Ersatz sollten Sie dem Futter ein Kalk- und Mineralstoffpulver aus dem Zoofachhandel beigeben. Sepiaschalen oder Kalksteine decken ebenfalls den Mineralbedarf.

Vogelgrit: Die kleinen Gritsteine helfen im Magen, die Nahrung zu zerkleinern und sind dadurch sehr wichtig für die Verdauung des Vogels.

Wasser

Papageienvögel trinken recht wenig. Trotzdem muss Trinkwasser in sauberer Qualität täglich frisch zur Verfügung stehen. Sie können normales Leitungswasser verwenden, Vogeltrank aus dem Zoofachhandel oder auch stilles, natriumarmes Mineralwasser.

Bei diesem reichen Angebot gibt es keinen Streit um die besten Stücke.

Die richtige Menge

Häufige und kleine Mahlzeiten sind notwendig, um Vögel mit der benötigten Energie zu versorgen. Achten Sie trotzdem auf die schlanke Linie, übergewichtige Vögel werden lustlos (→ Seite 42). Ein bis zwei Esslöffel Körnerfutter pro Tag sind genug. Entfernen Sie alte Hülsen durch Pusten aus dem Napf, bevor Sie neues Futter untermischen. Beim Frischfutter können Sie großzügiger sein, denn die Tiere fressen davon nur so viel, bis sie satt sind: Täglich die Reste entfernen.

CHECKLISTE

Fütterungs-Check

Zeitplan
✔ Den Vogel täglich immer zur gleichen Zeit füttern.

Frisch
✔ Täglich Frischfutter in einem extra Napf anbieten.

Sauber
✔ Frischfutter waschen oder schälen, Wildkräuter nicht an Straßenrändern sammeln.

Vertrauensfördernd
✔ Leckerbissen aus der Hand anbieten (→ Seite 21).

Knabberei
✔ Regelmäßig frische Zweige zum Benagen anbieten.

Gefährlich
✔ Beim Freiflug auf schädliche Zimmerpflanzen achten (→ Checkliste Seite 50).

Eine saubere Sache

Im Umgang mit den Nymphensittichen ist Sauberkeit ein wichtiger Grundsatz. Dies gilt sowohl für das Vogelheim selbst als auch für den direkten Kontakt mit den Vögeln. Übertriebene Angst vor Krankheiten durch die Tiere ist unbegründet. Wenn Sie den Käfig sauber halten und sich nach dem Kontakt mit den Nymphensittichen die Hände waschen, beugen Sie Krankheiten ausreichend vor.

TIPP

Krallen- und Schnabelpflege

- Dicke Zweige (→ Seite 14) sorgen dafür, dass sich die Krallen und der Schnabel abnutzen.
- Krallen können mit einer Nagelfeile geglättet werden. Sind die Krallen oder der Schnabel zu lang oder wächst der Schnabel schief, darf nur der Tierarzt das durch Schneiden korrigieren.

Putzplan für das Vogelheim

Für die normale Käfigreinigung genügen heißes Wasser und Neutralseife oder Essigreiniger. Zu viel Reinheit, z. B. ständiges Desinfizieren der Käfigeinrichtung, schadet dem Immunsystem der Vögel. Einige Mittel schaden sogar den Tieren direkt oder reizen ihre Schleimhäute.

Täglich: Reinigen und füllen Sie Futter- und Wassernäpfe und entfernen Sie größere Kothäufchen im Sand. Entfernen Sie morgens alle Frischfutterreste des Vortags, damit die Nymphensittiche das welke oder verdorbene Futter nicht fressen. Wichtig: Beobachten Sie sorgfältig, ob der Vogel frisst und trinkt oder Anzeichen einer Erkrankung zeigt (→ Seite 44).

Wöchentlich: Waschen Sie die Bodenschublade und füllen Sie neuen Sand ein. Reinigen Sie die Äste und den Kletterbaum (→ Seite 51) und erneuern Sie kaputte Zweige.

Monatlich: Einmal im Monat können Sie dem Käfig eine heiße Dusche gönnen und die Gitterstäbe gründlich reinigen. Während dieser Arbeiten am Vogelheim ist es für die Nymphensittiche am besten, wenn sie im Zimmer frei fliegen können. So wird die Reinigung nicht zum Stress für die Vögel, außerdem hält sie die Bewegung fit und sie lieben es, Sie bei der Arbeit an ihrem Heim zu beobachten.

Der Partner hilft an Stellen aus, die der Vogel selbst nicht erreichen kann.

1 Fußakrobatik

Durch Kratzen am Kopf reinigt der Vogel seine Nase und entfernt groben Schmutz. Achtung: Häufiges Kratzen kann auf Parasiten hinweisen.

2 Inspektion

Zur Gefiederpflege gehört die genaue Überprüfung jeder einzelnen Feder. Anschließend wird die Pracht gereinigt, mit Fett imprägniert und sortiert.

3 Feinarbeit

Viel Aufmerksamkeit widmen die ordentlichen Nymphensittiche auch ihren kleinen Flaumfedern, schließlich halten sie die Vögel schön warm.

Zimmerservice

Der Kot eines Vogels ist kaum mit Bakterien belastet und riecht auch nicht sonderlich.

➤ Von Möbeln kann man die Häufchen leicht mit einem feuchten Tuch entfernen.

➤ Auf Teppichen oder Kleidung sollte man den Kot antrocknen lassen und dann mit einem Papiertuch abwischen, notfalls danach mit einer Bürste nacharbeiten.

➤ An den Lieblingsplätzen Ihrer Vögel hält Zeitungspapier den Boden sauber.

Körperpflege

Bei der eigenen Körperpflege brauchen Ihre Nymphensittich keine Hilfe. Dabei ziehen sie jede einzelne Feder durch den Schnabel und befreien sie so von Schmutz. Mit dem Fett aus der Bürzeldrüse, einer speziellen Drüse am Schwanzansatz, wird die Feder wasserdicht gemacht. Dies ist wichtig, damit die Tiere auch bei Regen noch fliegen können und auch sonst nicht bis auf die Haut durchnässen. Das ölige Drüsensekret wird mit dem Schnabel aufgenommen und gleichmäßig im ganzen Gefieder verteilt.

Duschvergnügen

Eine besondere Freude bereiten Sie ihren munteren Hausgenossen, wenn Sie sie mit einer Blumenspritze abduschen, die nur für sie bestimmt ist. Sie werden ihre Flügel ausbreiten, um möglichst viel Wasser abzubekommen. Einige hängen sich Kopf unter mit einem Bein ans Käfigdach und genießen den Regenschauer. Duschen Sie die Vögel immer vormittags, damit sie noch genügend Zeit haben, ihr Gefieder zu trocknen und zu ordnen. Am Abend dürfen Sie sie nicht besprühen und das Licht löschen: Die Vögel frieren dann, können sich nicht mehr putzen und würden sich erkälten. Das Wasser können Sie so heiß, wie es aus der Leitung kommt (bis zu 65 °C), in die Spritze geben. Stellen Sie die Düse ganz fein ein, dann ist das Wasser für die Vögel angenehm temperiert.

So bleiben Ihre Vögel gesund

Selbst bei optimaler Haltung und robusten Tieren können manchmal Krankheiten vorkommen. Nymphensittiche lassen sich als typische Fluchttiere allerdings erst sehr spät anmerken, wenn es ihnen schlecht geht, sonst wären sie Feinden hilflos ausgeliefert. Deswegen gilt hier der Spruch »Vorbeugen ist besser, als heilen« ganz besonders.

Erfrischung: Eine flache Schale mit frischem Wasser lädt zum Baden ein.

Gesundheitsvorsorge

Am wichtigsten ist der Ernährungszustand der Tiere. Vögel speichern kaum Fettreserven, um leicht zu sein und so besser fliegen zu können. Ein kranker Vogel stellt zudem oft die Nahrungsaufnahme ein und nimmt dann umso mehr ab: Ein Energiedefizit ist vorprogrammiert!

➤ Achten Sie darauf, dass Ihre Vögel fressen, sorgen Sie für ausgewogene Ernährung (→ Seite 36) und kontrollieren Sie ihren Ernährungszustand. Die Brustmuskulatur eines Vogels ist ein Anhaltspunkt dafür: Sie soll gut ausgebildet und das Brustbein kaum zu fühlen sein.

➤ Gönnen Sie den Vögeln Sonne. Der UV-Anteil im Licht ist für das Gefieder und den Stoffwechsel wichtig. Stellen Sie den Käfig bei schönem Wetter in den Garten oder auf den Balkon. Wichtig: Den Nymphensittichen muss dabei ein Schattenplatz im Vogelheim zur Verfügung stehen. Bei schlechtem Wetter sind Tageslichtröhren im Haus eine gute Alternative.

➤ Halten Sie das Vogelheim sauber. Frischfutterreste sollten möglichst schnell entfernt werden. Bieten Sie den Tieren nur sauberes Futter an und waschen Sie Naturäste unter heißem Wasser ab. Der Stoffwechsel der Vögel ist sehr schnell. Somit können mit dem Schnabel aufgenommene Krankheitserreger rasch in den Körper gelangen. Übertriebene Hygiene schadet aber mehr, als sie nutzt.

➤ Eine saubere Umgebungsluft ist wichtig für das Wohlbefinden der Nymphensittiche. Stickige Luft, Dämpfe oder gar starker Zigarettenrauch schädigen ihren sensiblen Organismus sehr.

➤ Vermeiden Sie Zugluft. Diese kann zu Lungenentzündung (→ Tabelle rechts) führen. Lüften ist natürlich erlaubt, nur Durchzug und starke Temperaturschwankungen müssen unbedingt vermieden werden. Achten Sie darauf, dass die Zimmertür geschlossen ist, wenn Sie das Fenster zum Lüften kippen. Wichtig: Der Käfig muss unbedingt geschlossen sein.

Die häufigsten Krankheiten auf einen Blick

Krankheit und Ursache	Symptome	Behandlung
Durchfall Infektion, falsches Futter	Kloake ist kotverschmiert, Vogel wirkt schlapp, dünnflüssiger Kot	Innerhalb von 24 Stunden zum Tierarzt, bis dahin Kolbenhirse geben, kein Grünfutter
Gehirnerschütterung Aufprall an Scheibe o. Ä.	Taumeln, Bewusstlosigkeit, Vogel fällt vom Ast, Krämpfe, Lähmungen	Sofort zum Tierarzt, bis dahin Rotlicht und Ruhe
Grabmilben Ansteckung über Artgenossen	Auflagerungen und Schuppen an Füßen und Schnabel	Befallene Stellen mit Speiseöl betupfen, dem Tierarzt zeigen
Infektion Viren oder Bakterien	Vogel verweigert Nahrung, sitzt oft aufgeplustert auf der Stange	Innerhalb von 24 Stunden zum Tierarzt, bis dahin Rotlicht
Kropfentzündung Fremdkörper, Bakterien, Pilze oder Parasiten	Vogel erbricht unverdaute Körner oder Speichel, Futterverweigerung	Innerhalb von 24 Stunden zum Tierarzt
Legenot Henne kann das Ei nicht legen	Starkes Pressen, kein Kotabsatz, Henne wirkt erschöpft	Sofort zum Tierarzt, bis dahin Rotlicht (→ Seite 44)
Luftsackriss Loch im Luftsack	Die Haut erscheint an einer Stelle des Körpers wie aufgeblasen	Innerhalb von 24 Stunden zum Tierarzt, kleine Operation
Lungenentzündung Infektion oder Zugluft	Rasselnde Atemgeräusche, schweres Atmen, Apathie	Innerhalb von 24 Stunden zum Tierarzt, bis dahin Rotlicht
Mauserstörung Vitamin-/Mineralstoffmangel	Stumpfes Gefieder, kahle Stellen, viele Federn im Käfig	Frischluft, Sonne und Frischfutter, zum Tierarzt bringen
Niesanfälle Trockene, staubige Luft, scharfe Gerüche, Fremdkörper in Nase	Häufiges Niesen	Nase untersuchen, Raumluft verbessern (→ Seite 42), höhere Luftfeuchtigkeit
Papageienkrankheit (Psittakose) Infektion. Achtung: Auch auf den Menschen übertragbar!	Rasselnde Atemgeräusche, schweres Atmen, Nasenausfluss	Innerhalb von 24 Stunden zum Tierarzt, bis dahin Rotlicht
Parasiten Übertragung durch Vögel oder Naturäste (→ Seite 42)	Stumpfes Gefieder, kahle Stellen, viele Federn im Käfig, Vogel kratzt sich ständig und ist unruhig	Innerhalb von 24 Stunden zum Tierarzt, Vogel und Käfig müssen behandelt werden
Tumor Erblich, Viren, falsche Fütterung	Starkes Pressen, kein Kot, Apathie, dicker Kloakenbereich, Atemnot	Innerhalb von 24 Stunden zum Tierarzt, bis dahin Rotlicht
Verstopfung Falsches Futter	Starkes Pressen, kein Kotabsatz, Vogel wirkt energielos	Sofort zum Tierarzt, bis dahin Rotlicht

Die Pflege des kranken Vogels

Einen richtig kranken Nymphensittich erkennen Sie daran, dass er völlig apathisch und teilnahmslos und meistens mit trüben Augen auf der Stange oder dem Käfigboden sitzt. Um sich warm zu halten, ist das Gefieder dabei fast immer stark aufgeplustert, außerdem schläft das Tier viel. Es frisst und trinkt kaum, was die eigentliche Krankheit schnell verschlimmert. Nun ist Eile geboten!

Gesundes Wärmebad: Rotlicht hilft dem Patienten bei der Genesung.

Die Krankenstation

Bringen Sie den Patienten in einem ruhigen und trockenen Raum mit einer Temperatur zwischen 22 und 24 °C unter.

Ruhe bitte: Stress und Aufregung von dem kranken Vogel fern halten, körperliche Anstrengungen vermeiden.

Polster: Damit ein kranker Vogel sich nicht verletzt, wenn er vor Schwäche von der Stange fällt, kann der Boden mit einem weichen Tuch ausgelegt werden.

Quarantäne: Halten Sie mehrere Vögel, sollte ein erkranktes Tier von den anderen getrennt werden. Dadurch wird eine Ansteckung der anderen Vögel meistens verhindert und der Patient bekommt die benötigte Ruhe. Bewährt hat sich ein separater Käfig, der an drei Seiten geschlossen ist.

Wärme: Fast jeder kranke Vogel braucht Wärme. Eine handelsübliche Rotlichtlampe unterstützt die Genesung und dient als Wärmequelle. Bringen Sie die Lampe vor dem Käfig so an, dass Sie die Bestrahlung Ihrer Hand in Höhe des Vogels als angenehm empfinden. Der Vogel muss der Lampe aber auch ausweichen können – also nur eine Hälfte des Käfigs bestrahlen. Wichtig: Wasser muss dem Tier immer zur Verfügung stehen. Auch in

TIPP

Pflegedienst

- Natürlich: Propolistropfen stärken die Abwehr.
- Nachsorge: Vitamine und viel Zuwendung helfen, die alte Konstitution des Vogels wieder herzustellen.
- Wundversorgung: Salben trägt man auf Wunden vorsichtig mit einem Wattestäbchen auf.
- Hygiene: Verwendete Utensilien desinfizieren.
- Schnell: Die Telefonnummer des Tierarztes immer griffbereit haben. Besonders bei blutenden Wunden vergewissern, dass der Veterinär anwesend ist.

der Nacht soll die Lampe brennen, dunkeln Sie die unbestrahlte Käfighälfte dann mit einem Tuch ab. Wenn es dem Vogel wieder besser geht, sollten Sie die Lampe immer wieder für einige Zeit ausschalten und die Raumtemperatur langsam absenken.

Medikamente eingeben

Bringen Sie einen erkrankten Nymphensittich zur Abklärung der Ursache immer zum Tierarzt – er hat auch die benötigten Medikamente vorrätig. Halten Sie sich immer genau an die Dosierungsanweisung, dies ist besonders bei der Dauer der Medikation wichtig: Zu frühes Absetzen der Arznei kann zu einem Rückschlag führen. Flüssige oder pulverisierte Medikamente können Sie über das Trinkwasser geben. Einige Pulver werden über die Körner verabreicht: Dann darf nur dieses Futter angeboten werden. Stellen Sie dem Patienten sein Futter und Wasser in seine unmittelbare Nähe, besonders Kolbenhirse wird auch von schwachen Nymphensittichen gut aufgenommen. Manchmal kann es nötig sein, dem Vogel Medikamente direkt einzugeben.

Kranke Nymphensittiche sollten immer getrennt von den Artgenossen gehalten werden, damit sie die nötige Ruhe finden.

Fixieren Sie dafür den Vogel locker mit seinem Körper in einem Handtuch. Den Kopf können Sie mit dem Daumen und dem Zeigefinger von hinten am Unterschnabel fest halten. Geben Sie das Medikament dann mit einer Pipette langsam in den Schnabel und lassen Sie das Tier immer wieder abschlucken. Verweigert der Nymphensittich die Nahrungsaufnahme, können Sie auch versuchen, ihn mit der Pipette künstlich mit Babybrei zu ernähren.

Fragen rund um Ernährung und Pflege

? Der Kot meines Nymphensittichs ist grünlich-durchsichtig und dünn. Ist das in Ordnung?
Nein, der Kot muss auch Weißanteile haben. Das Grüne ist der eigentliche Kot, der weiße Anteil der Urin, der beim Vogel eher in fester Konsistenz ausgeschieden wird. Ist dieser Anteil klar und flüssig, verliert das Tier zu viel Flüssigkeit. Dies kann auf ein Nierenproblem hinweisen. Sie sollten Ihren Vogel umgehend von einem Tierarzt untersuchen lassen. Dem Tier immer ausreichend Wasser anbieten, das beugt vor.

? Der Tierarzt hat bei dem Vogel unserer zehnjährigen Tochter einen Tumor festgestellt? Muss er nun eingeschläfert werden?
Im frühen Stadium kann die Geschwulst operativ entfernt werden. Ist der Tumor schon sehr groß und leidet der Vogel, ist es für ihn besser, eingeschläfert zu werden. Besprechen Sie das mit dem Tierarzt und erklären Sie Ihrer Tochter, dass der Vogel starke Schmerzen hat und nicht länger leiden sollte. Um die Trauer zu verarbeiten, hilft es ihr vielleicht, ihn feierlich im Garten zu begraben.

? Mein Sittich ist mit seinem Schwanz in einer zuschlagenden Tür hängen geblieben und alle Schwanzfedern sind ausgezogen. Ist das schlimm für das Tier?
Federn ausreißen ist wie Haare ausziehen. Nach einem kurzen Schmerz merkt der Vogel nichts mehr davon. Sind die Federn samt Kiel ausgerissen, kommen schon bald neue nach. Wenn noch Stücke des Kiels vorhanden sind, werden neue Federn erst wachsen, wenn sie im Rahmen der Mauser (→ Frage rechts) sowieso gewechselt würden. Bis dahin hat der Vogel Probleme beim Fliegen: Passen Sie beim Freiflug gut auf ihn auf, um ihm helfen zu können. Schlimmer wäre es, wenn Federn an den Flügeln fehlen. Dann ist der Vogel oft nicht mehr flugfähig und es kann einige Wochen dauern, bis die Federn wieder da sind.

Eine Haferflocke zu stibitzen ist erlaubt, andere Dinge können aber schädlich sein.

? Unser neuer Nymphensittich hat beim Vorbesitzer kein Frischfutter bekommen. Dürfen wir ihn trotzdem damit füttern?
Unbedingt! Obst, Gemüse und Kräuter sind wichtige Vitaminspender und gehören zur gesunden Ernährung des Vogels dazu (→ Seite 36). Gewöhnen Sie ihn langsam daran, indem Sie ihm anfangs nur kleine Stückchen (so groß wie ein Daumennagel) geben und die Ration jeden Tag ein wenig erhöhen.

? Im Käfig meines Nymphensittichs liegen normalerweise ab und an mal einige Federn, in diesem Frühjahr verliert er aber sehr viele. Ist das normal?
Anders als z. B. Kanarienvögel mausern Papageienvögel kontinuierlich das ganze Jahr über, die Federn werden nacheinander ausgetauscht. Das hat den Sinn, dass die Tiere immer flugfähig bleiben. Machen Sie sich also keine Sorgen. Wenn Sie Ihrem Vogel bei der Mauser helfen wollen, reichen Sie viel Obst (→ Seite 37) und Naturzweige. Dies führt dem Tier wichtige Vitamine und Mineralstoffe fürs Gefieder zu.

? Unser Nymphensittich sitzt immer nur auf einem Bein, das beringte hebt er an. Ist das normal?
Vögel ruhen und schlafen oft nur auf einem Bein, das andere wird dann entlastet und gewärmt (→ Seite 26). Wenn das Tier jedoch ständig das Bein mit dem Ring anhebt, ist dieser vielleicht zu eng oder sogar eingewachsen. Schauen Sie nach, ob es angeschwollen ist und bringen Sie den Vogel auf jeden Fall zum Tierarzt. Dieser kann den Ring entfernen, wenn es nötig ist. Versuchen Sie es auf keinen Fall selbst, das Bein kann stark bluten und leicht brechen.

? Beim Freiflug stibitzt unser Fips gern etwas von unserem Essen. Müssen wir ihm das verbieten?
Zahme Nymphensittiche wollen immer an den Aktivitäten ihrer Menschen teilhaben, dazu gehört auch das Essen. Gegen eine abgekühlte gekochte Nudel, Müsli, Jogurt, Magerquark oder Zwieback in kleinen Mengen ist gelegentlich nichts einzuwenden. Tabu sind jedoch Essensreste, Salzstangen, Chips, Schokolade oder Kekse sowie Kaffee und Alkohol.

MEINE TIPPS FÜR SIE

Thomas Haupt

Fit im Alter

- Auch der alte Vogel braucht Freiflug im Zimmer (→ Seite 50), sollte sich aber in den Käfig zurück ziehen können, wann er möchte.
- Die Futtermenge sollte der eventuell geringeren Bewegung des Vogels angepasst werden. Wichtig: Er muss trotzdem satt werden, deswegen Ernährungszustand kontrollieren (→ Seite 42).
- Ein größerer Anteil an Kolbenhirse, Quell- und Keimfutter entlastet die Verdauung des Vogelsenioren.
- Beschäftigen Sie sich viel mit dem Vogel, jedoch ohne ihn zu überfordern.
- Ändern Sie die direkte Umgebung des älteren Vogels möglichst nicht mehr. Lebt der alte Vogel aber in einer Voliere mit sehr temperamentvollen Kollegen, wäre ein Umzug mit einem ruhigen Artgenossen in einen neuen Käfig sinnvoll.
- Achten Sie darauf, dass es in seinem Umfeld nicht zu hektisch und laut zugeht.

Beschäftigungs-Programm

Freiraum für Flugkünstler

Wenn Ihre Nymphensittiche so zahm sind, dass sie Ihnen ohne zu zögern und in jeder Situation auf die Hand gehen (→ Seite 22), können Sie mit dem Freiflug in der Wohnung beginnen. Das ist für die Tiere eine große Bereicherung und wird Ihnen und den Vögeln sehr viel Freude bereiten.

Neugierige Nymphensittiche wählen oft ungewöhnliche Landeplätze.

Freiflug muss sein!

Freiflug bedeutet für die Nymphensittiche Bewegung, Beschäftigung und Gesellschaft: fast alles, was sie zum Glücklichsein brauchen.

Orientierung: Sie sollten sicherstellen, dass die Vögel sich in den Räumlichkeiten gut auskennen. Der Käfig sollte einige Tage vorher im »Freiflugzimmer« stehen, damit die Tiere die Landemöglichkeiten kennen lernen.

Gefahren: Beseitigen Sie alle Gefahren im Zimmer (→ Checkliste rechts). Nymphensittiche sind sehr neugierig und schnelle Flieger, rasch ist beim Ausflug etwas passiert.

Aufsicht: Auch Vögel, die Freiflug schon lange gewohnt sind, sollten dabei immer beaufsichtigt werden, um bei einer Notlage Hilfe zu erhalten. In Ihrer Abwesenheit gehören sie in den Käfig, um Unfälle zu vermeiden.

Übung: Selbst die fluggewandten Sittiche müssen ihre Flugkünste erst lernen und durch Training festigen.

CHECKLISTE

Gefahren vermeiden

Wegfliegen

✔ Türen und Fenster schließen oder sichern (→ Seite 57).

Gehirnerschütterung

✔ Fenster mit Vorhängen abdecken oder den Rollladen etwas herunterlassen, Spiegel am besten mit einem Tuch abdecken.

Ertrinken

✔ Wassergefäße, Kochtöpfe, Aquarien und Toiletten, immer abdecken.

Verbrennungen

✔ Auf brennende Kerzen und Kamine, heiße Herdplatten und Bügeleisen verzichten.

Eingesperrt

✔ Offene Schubladen und Schränke schließen, Spalten und offene Gefäße sichern.

Vergiftungen

✔ Gifte sind oft tödlich, z. B. Alkohol, Reinigungsmittel, Dünger und Gardinenblei.

Schädliche Pflanzen

✔ Schädliche Pflanzen entfernen, z. B. Becherprimel, Christusdorn, Dieffenbachie, Efeu, Harzhölzer, Hyazinthe, Immergrün, Kakteen, Nachtschattengewächse, Narzisse, Oleander, Philodendron, Weihnachtsstern.

Tier und Mensch

✔ Auf andere Heimtiere achten (→ Seite 23). Gut aufpassen, dass Sie die Vögel nicht treten oder sich darauf setzen.

1 **Unerschrockene Abenteurer**

Nymphensittiche interessieren sich brennend für alle Dinge, die »ihre« Menschen unternehmen, sei es das Lesen der Zeitung oder die Kaffeepause zwischendurch. Für sie ist es dabei selbstverständlich, auch die Dinge zu probieren, die Sie essen oder trinken. Doch Vorsicht: Heißer Kaffee ist für die Abenteurer gefährlich.

2 **Schnabeltest**

Die Gesellen nehmen beim Freiflug die ganze Wohnung genau unter die Lupe und knabbern alle interessanten Gegenstände an – es könnte sich ja irgendwo etwas Essbares finden. Sie müssen die Neugier der Entdecker bremsen und sie immer beaufsichtigen: Fremdkörper können im Kropf schwere Entzündungen verursachen.

Besonders die Landungen müssen häufig geübt werden: Am Anfang gehören Bruchlandungen zum Alltag.

Freiraum: Sind die Vögel bei ihren Flugmanövern sicher und gehen sie auch wieder in ihren Käfig zurück, können sie auch andere Räume im Haus für den Freiflug nutzen. Das bringt ihnen zusätzliche Abwechslung in den Alltag.

Lieblingsplätze: Wenn Sie Zeitungspapier oder Pappe an den Lieblingsplätzen auslegen, lassen sich Kotbällchen leicht entfernen. Möbel sind so vorm Annagen geschützt.

Rückkehr in den Käfig

Am besten ist es, wenn die Nymphensittiche von selbst in ihren Käfig zurückkehren. Bieten Sie die Hauptmahlzeit immer nur im Vogelheim an. Irgendwann sind Hunger oder Müdigkeit dann stärker als ihr Entdeckerdrang und die Abenteurer kehren in ihren Käfig zurück. Sie können die Vögel aber auch auf der Hand in den Käfig hineinsetzen. Wenn nötig, können Sie vorsichtig mit dem Daumen den Fuß des Vogels fixieren. Wichtig dabei: Die Tiere niemals jagen!

Der Abenteuerspielplatz

Um Ihre Möbel vor dem Forschungseifer der Nymphensittiche und dem damit verbundenen Knabbern zu schützen, bietet sich ein Kletterbaum an. Stellen Sie einen verzweigten Stamm in einen stabilen Blumenkübel und fixieren Sie ihn mit einem Christbaumständer, Steinen und Sand. Dekorieren Sie den Baum mit Spielzeug und Zweigen, dann wird er schnell zum Lieblingsplatz. Kehren die Vögel gern in den Käfig zurück, können auch Leckerbissen am Baum hängen.

Lernen mit Pfiff

Nymphensittiche sind wie alle Papageienvögel sehr intelligent. Deswegen gibt es für sie nichts Schlimmeres, als ständige Langeweile. In der Natur kommt Langeweile nicht auf. Die Tiere sind unentwegt auf der Suche nach Futter und Wasser, müssen sich vor Feinden verbergen oder ziehen ihre Jungen auf.

Viel Beschäftigung mit jungen Vögeln bringt eine enge, vertraute Bindung.

Langeweile vorbeugen

Kleine Kunststückchen eignen sich prima, um die schlauen Nymphensittiche auch geistig auszulasten. Wichtige Motivationshilfen sind Lob und Leckerbissen.

Tunneltrick: Animieren Sie den Vogel mit Leckerbissen dazu, durch eine leere Toilettenpapierrolle zu kriechen.

Lastenträger: Bieten Sie dem Nymphensittich einen Gitterball an. Nimmt er ihn in den Schnabel, loben Sie ihn. So lange üben, bis der Vogel Ihnen den Gitterball bringt.

Akrobat: Animieren Sie den Vogel mit Leckerbissen dazu, durch einen Holzring zu hüpfen. Arbeiten Sie in kleinen Schritten. Schritt eins: der Vogel nähert sich dem Ring. Schritt zwei: Er setzt sich in den Ring. Schritt drei: Der Vogel geht hindurch.

Autorennen: Üben Sie mit Ihrem Vogel, ein Spielzeugauto zu schieben. Am Ziel winkt eine leckere Belohnung.

Kultiviert: Bringen Sie Ihrem Nymphensittich bei, seine Leckerbissen direkt von einem Teelöffel zu fressen.

Denken Sie aber immer daran, dass das Training allen Beteiligten Spaß machen soll. Einige Vögel haben einfach kein Interesse daran, Kunststückchen zu lernen. Für sie ist es das Größte, immer bei Ihnen, also ihrem »Ersatzschwarm« zu sein und zu beobachten, was Sie gerade Interessantes machen. Andere sind zufrieden, wenn sie mit einem Artgenossen aufregende Dinge erkunden oder ein Schwätzchen halten können.

Erziehung

So ein neugieriger Nymphensittich hat seinen eigenen Kopf und wird auch einmal etwas anstellen, was Ihnen nicht gefällt. Rufen Sie dann laut »Nein«! Nicht selten lässt der verdutzte Vogel von seinem Vorhaben ab. Macht er dies nicht, gehen Sie hin und verscheuchen ihn spielerisch, ohne heftig oder ärgerlich zu werden, vom Ort des Geschehens. Wenn Sie dies regelmäßig anwenden, können Sie den Vogel später nur mit dem Wort »Nein« von dem abhalten, was er gerade vor hatte.

Studienobjekte: Alles Neue wird genau untersucht. Die wechselnde Einrichtung des Käfigs vertreibt Langeweile.

Das Imitationstalent

In Sachen Sprachbegabung ist ein Nymphensittich nicht unbedingt eine Leuchte, es liegt jedoch an Ihnen, verborgene Talente zu entdecken und zu fördern (→ Seite 55).

➤ Bei allem, was Sie den Vögeln beibringen wollen, seien es Wörter oder Tricks, sind ständige Wiederholungen wichtig. Verliert ein Vogel das Interesse an der Übungseinheit, sollten Sie sie beenden und später weitermachen.

➤ Wiederholen Sie die Worte, jeden Tag so oft es geht.

Die schönsten Spielsachen für Ihre Nymphensittiche

	Material und Bauweise	Spielspaß
Ringe, Leitern, Kugeln	Im Zoofachhandel wird eine große Auswahl davon angeboten.	Animieren zum Klettern und Benagen, gut fürs Balancieren und Greifen.
Glocken	Aus Metall, gibt es im Zoofachhandel, werden im Käfig oder im Zimmer aufgehängt.	Die leisen Töne animieren die Nymphensittiche, sie zu untersuchen.
Reisigbündel	Einige dünne Obstbaumzweige mit Kordel zusammenbinden und im Käfig oder im Freiflugzimmer aufhängen.	Der Vogel untersucht und beknabbert die Naturzweige. Mit Leckerbissen macht es ihm noch mehr Spaß.
Pappkartons, -rollen, Papier	Zusammen knäulen, mit Leckerbissen füllen. Nur weißes Papier verwenden.	Es wird nach Herzenslust zernagt und im Zimmer verteilt.
Bälle	Tischtennisball oder Gitterball aus dem Zoofachhandel.	Wird angestupst und verfolgt, der Gitterball herum getragen.
Garnrollen	Leere Garnrollen werden an einem Zwirnfaden aufgereiht.	Der Vogel schiebt die Rollen hin und her und untersucht sie ganz genau.
Alles was glänzt	Kugelschreiber aus Metall ohne Mine, Löffel, Schlüsselbund.	Glänzende Dinge faszinieren und beschäftigen den Nymphensittich.

Benutzen Sie dabei immer den gleichen Tonfall und die gleichen Worte zu den gleichen Gegebenheiten, damit die Vögel das Wort mit einer bestimmten Situation verknüpfen können.

➤ Wählen Sie kurze und einfache Worte zum Einstieg ins Sprachtraining, die kann der Vogel leichter nachsprechen. Gut eignen sich z. B. Namen, wie Gabi, Susi oder Riko.

➤ Gehen Sie nur schrittweise vor: Erst wenn ein Wort richtig sitzt, zum nächsten übergehen. Je weniger die Vögel abgelenkt sind, desto besser klappt der Unterricht. Also möglichst nur üben, wenn Sie allein im Zimmer sind.

➤ Geduld ist hierbei wirklich die größte Tugend, erzwingen können Sie von einem Nymphensittich überhaupt nichts!

➤ Üben Sie niemals, wenn Sie schlecht gelaunt oder in Eile sind. Ihre negative Stimmung überträgt sich dann auf den Nymphensittich.

➤ Auf Ihrer Hand funktioniert das Sprachtraining am besten, der Vogel konzentriert sich dabei ganz auf Sie.

➤ Will das Sprechen nicht gelingen, seien Sie nicht traurig. Dafür können viele Nymphensittiche gut Melodien nachpfeifen. Gehen Sie hierbei genauso vor. Wenn Ihr Tier aber auch im Nachpfeifen keinerlei Talent zeigt, dann erfreuen Sie sich einfach an seiner Gesellschaft und an seinem netten Wesen!

»Mir geht es prima.« Wenn Ihr Nymphensittich sich so ausgiebig auf Ihrer Hand das Gefieder pflegt, ist das ein Beweis dafür, dass er sich vollkommen sicher bei Ihnen fühlt und Ihnen vertraut.

Auch aus einfachen Materialien lässt sich sinnvolles Spielzeug herstellen.

Spielen macht Spaß

Bei der Haltung im Zimmer sollten Sie den Nymphensittichen geeignete Spielsachen (→ Tabelle Seite 53) und -möglichkeiten anbieten.

Der Kletterbaum: Etwas entfernt vom Käfig aufgestellt, dient er als Anflugplatz und kann mit allerlei Spielzeug und Leckerbissen bestückt werden (→ Seite 51). Ihre Nymphensittiche werden auf diesem Abenteuerspielplatz sicherlich viel Zeit verbringen und ausgiebig turnen und klettern. Dies ist für die Balance wichtig und die munteren Vögel lernen im Spiel, ihre Füße und ihre Schnäbel geschickt einzusetzen.

Selbstbedienung: Viele Nymphensittiche lieben es, Dinge genau zu untersuchen und sie eventuell im Schnabel herumzutragen. Oft stibitzen sie dann Buntstifte und zernagen diese dann noch. Achten Sie auf die Ungiftigkeit der Stifte, noch besser: Lenken Sie sie von den Stiften ab, indem Sie kleine Äste anbieten.

Seiltänzer: Sie können Sisalseile oder dicke Schnüre an verschiedenen Stellen in der Wohnung anbringen, z. B. an zwei besonders hohen Schränken, miteinander verbinden oder ein Seil einfach von der Decke herabhängen lassen. Auf jeden Fall laden die Seile zum Turnen und Klettern ein und die Nymphensittiche können Stunden auf ihnen zubringen und sie nach Herzenslust zerrupfen.

Höhlenforscher: Höhlen haben für viele Nymphensittiche eine magische Anziehungskraft. Gut geeignet sind Nistkästen (→ Seite 30) oder Pappkartons. Wenn die Vögel nicht brüten sollen (→ Seite 31), sollten Sie die Höhlen nicht im Käfig anbringen, sondern nur selten beim Freiflug zum Spielen anbieten.

Eifrige Helfer: Zahme Nymphensittiche wollen Ihren Menschen »helfen«, z. B. indem sie beim Tischdecken das Besteck vom Tischrand schieben oder die gerade gelesene Zeitung mit dem Schnabel untersuchen. Auch ein kleines Bad unter dem laufenden Wasserhahn ist recht beliebt. All diese spielerischen Aktivitäten halten den Geist Ihrer Nymphensittiche rege und ihren Körper fit.

TIPP

Leicht lernen

- Konzentriert: Ablenkung vermeiden, bei zwei Nymphensittichen einzeln und räumlich getrennt üben.
- Ausgeschlafen: Morgens nach dem Fressen und dem Putzen üben. Den Vogel niemals zum Training wecken.
- Abwechslung: Besser häufiger kleine Übungseinheiten einlegen, als lange Zeit am Stück trainieren.
- Motivation: Den Schüler mit Leckerbissen motivieren und belohnen. Vor der Übung darf er nicht zu satt sein.
- Mit Spaß: Nie ungeduldig, ärgerlich oder laut werden.

Fragen rund um Freiflug und Spielen

Wir haben einen zahmen Nymphensittich. Gibt es bestimmte Tageszeiten, in denen er besonders gut lernt oder gern spielt?
Da geht es dem Vogel wie uns Menschen: Ist man ausgeschlafen und hat gut gefrühstückt, lernt es sich recht gut. Unterricht für Kunststückchen sollte am Morgen abgehalten werden (→ Tipp Seite 55), wenn das Tier munter und voller Tatendrang ist. Spielen kann der Vogel den ganzen Tag über zu unterschiedlichen Zeiten. Nutzen Sie die Gelegenheit, wann immer es Ihre Zeit erlaubt.

Reicht meinem Nymphensittich ein Plastikvogel zur Gesellschaft?
Nein! Ihr Vogel wird sich zwar vermutlich mit dem künstlichen Artgenossen beschäftigen, ihn anstupsen und vielleicht sogar versuchen, sich mit ihm zu unterhalten, doch ein Plastikvogel kann niemals ein Ersatz für einen Partner sein. Der Umgang mit der Vogelattrappe kann sogar zu Verhaltensstörungen führen. Erwägen Sie lieber die Anschaffung eines echten Artgenossen oder beschäftigen Sie sich verstärkt mit Ihrem Nymphensittich.

Unser Pedro sitzt bei seinem Freiflug gern vor dem Badezimmerspiegel, stellt seine Haube auf und piepst ganz aufgeregt. Was hat dies zu bedeuten?
Ihr Vogel sieht in seinem Spiegelbild einen vermeintlichen Artgenossen, den er durch seine Stimme zu motivieren sucht. Wenn sich dann das Spiegelbild bewegt, reagiert Ihr Pedro mit Neugierde und stellt die Federhaube auf. Denken Sie doch einmal über die Anschaffung eines zweiten Nymphensittichs nach.

Gibt es beim Erlernen von Kunststückchen oder kleinen gepfiffenen Liedern Unterschiede zwischen Männchen und Weibchen?
Bei den Kunststückchen ist es im Prinzip egal, welches Geschlecht der Nymphensittich hat. Die Hauptsache ist, das Tier ist zahm und hat Ver-

Vor dem kleinen Kobold ist nichts sicher – Wertvolles besser unter Verschluss halten.

trauen zu Ihnen. Dann wird es dem Vogel Freude bereiten, wenn Sie sich mit ihm beschäftigen. Je nach ihrer individuellen Veranlagung lernen dann die Weibchen Kunststücke genauso gut wie die Männchen. Beim Nachpfeifen haben die männlichen Tiere in der Regel den Schnabel vorn. Es ist ihnen angeboren, durch ein Pfeif-Balzkonzert um die »Angebetete« zu werben. Somit fällt es einem männlichen Nymphensittich oft leichter, verschiedene Pfiffe zu lernen und nachzuahmen. Aber auch hier bestätigen Ausnahmen die Regel.

? Ich lasse meinen Nymphensittich jeden Tag drei Stunden lang in der Wohnung fliegen. Nun will er nicht mehr in den Käfig zurück. Was soll ich tun?
Ihrem Nymphensittich gefällt der Freiflug so gut, dass er nicht genug davon bekommen kann. Bieten Sie kein Futter während des Freiflugs an, sondern ausschließlich im Käfig (→ Seite 51). Wenn Sie im Vogelheim auch noch besondere Leckerbissen deutlich sichtbar hinlegen, wird der Vogel in sein Heim zurückkehren, wenn er Hunger hat.

Das kann aber einige Stunden dauern und Sie müssen Geduld haben. Sie dürfen ihn auf keinen Fall mit der Hand, dem Besen oder Tüchern jagen oder scheuchen! Der Vogel würde das bisher zu Ihnen erworbene Vertrauen dann wieder verlieren.

? Unsere Kinder sind von unserem Nymphensittich total begeistert. Sie spielen jeden Tag ausgiebig mit dem Tier. Gibt es Etwas, was ich beachten sollte?
Bei Kindern bis etwa acht Jahren sollte immer eine erwachsene Person beim Spiel mit dem Vogel anwesend sein. Denn durch ungeschicktes Verhalten kann es eventuell zu Verletzungen auf beiden Seiten kommen. Größere Kinder sind in der Regel vernünftiger und können sich allein mit dem Tier beschäftigen, wenn sie gelernt haben, wie sie sich ihm gegenüber zu verhalten haben. Sie sollten aber sicherstellen, dass der Vogel immer wieder die nötige Zeit zum Ausruhen und Abschalten bekommt, sonst wird er leicht überfordert. Krankheiten und eventuell aggressives Verhalten können dann die Folge davon sein.

MEINE TIPPS FÜR SIE

Thomas Haupt

Wenn der Vogel entwischt ist

- Steht der Käfig regelmäßig im Freien, kann sich der Vogel die Umgebung einprägen. Das hilft ihm bei der Orientierung.
- Ein zahmer Vogel lässt sich auch von fremden Personen eher fangen. Durch den Ring kann man dann den Besitzer ausfindig machen.
- Haben Sie mehrere Vögel, sollten Sie die anderen mit dem Käfig an einen markanten Punkt stellen, um den Ausreißer anzulocken.
- Sitzt der Vogel in einem nicht zu hohen Baum, können Sie ihn mit einem starken Wasserstrahl (Gartenschlauch) stark durchnässen, was ihn flugunfähig macht. Dann können Sie ihn vorsichtig greifen.
- Setzen Sie eine Anzeige mit der Beschreibung des Vogels und Ihrer Telefonnummer in die Zeitung, fragen Sie bei Nachbarn und in Geschäften nach und informieren Sie den Suchdienst des ZZF (→ Seite 60).

Halbfett gesetzte Seitenzahlen verweisen auf Abbildungen, **U** = Umschlagseite

Adressen

Verbände/Vereine

➤ Vereinigung für Artenschutz, Vogelhaltung und Vogelzucht e.V. (AZ), Postfach 11 68, 71501 Backnang, www.azvogelzucht.de

➤ Deutscher Kanarien- und Vogelzüchter-Bund e.V. (DKB), Werner Kneule, Alfredstr. 66, 72250 Freudenstadt, www.dkb-online.de

➤ Standard-Nymphensittich-Vereinigung Deutschland e. V. (SNV), Hofschwärz 7, 97228 Rottendorf, www.snv-germany.de

Hier erhalten Sie Anschriften von Vogelclubs in Ihrer Nähe. Anfragen bitte mit einem frankierten Rückumschlag.

Nymphensittiche im Internet

Praxistipps und Informationen zu Pflege, Ernährung und Gesundheit der Nymphensittiche, Buchtipps, Adressen von Züchtern und Vereinen finden Sie auf diesen Internetseiten:

➤ www.nymphensittich-lexikon.de

➤ www.nymphen-sittiche.com

➤ www.sittich-info.de

➤ www.vogelforen.de

➤ www.sittichweb.de

➤ www.tierfreund.de

Fragen zur Haltung beantworten

Ihr Zoofachhändler und der Zentralverband Zoologischer Fachbetriebe Deutschlands e.V. (ZZF), Rheinstr. 35, 63225 Langen, Tel. 0 61 03/91 07 32 (nur telefonische Auskunft möglich), www.zzf.de. *Der ZZF hat einen bundesweiten Suchdienst für entflogene Vögel eingerichtet. Alle beringten Vögel können auf Grund der Fußringe identifiziert und ihrem Besitzer zugeordnet werden.*

Bücher

➤ Radke, G.: Nymphensittiche. Haltung, Zucht und Farbmutationen. Ulmer Verlag, Stuttgart

➤ Schnabl, H.: Vogelfutterpflanzen. Arndt Verlag, Bretten

Zeitschriften

➤ Gefiederte Welt. Fachzeitschrift für Vogelliebhaber und Vogelzüchter. Ulmer Verlag, Stuttgart

➤ Die Voliere. Vogel und Natur. Verlag M. & H. Schaper, Alfeld

➤ WP-Magazin. Zeitschrift für Vogelhalter. Arndt Verlag, Bretten

➤ Papageien. Fachzeitschrift über Haltung, Freileben und Zucht. Arndt Verlag, Bretten

➤ Der Vogelfreund. Zeitschrift für Mitglieder des DKB (→ Adressen). Verlag Hanke, Künzelsau

➤ AZ-Nachrichten. Zeitschrift für Mitglieder der AZ (→ Adressen). Verlag M. & H. Schaper, Alfeld

Dank

Einrichtungsgegenstände für Käfig und Voliere wurden von der Firma europet, Nürnberg freundlicherweise zur Verfügung gestellt.

AN UNSERE LESER

➤ Gehen Sie mit Ihrem Vogel schon bei den ersten Anzeichen einer Erkrankung zum Tierarzt.

➤ Wer allergisch auf Federn oder Federstaub reagiert, sollte keine Vögel halten. Fragen Sie im Zweifelsfall Ihren Hausarzt.

➤ Bei einer Erkältung sollten Sie Ihren Arzt auf die Vogelhaltung hinweisen.

➤ Verletzungen durch einen Vogel sollten umgehend vom Arzt versorgt werden.

Der Autor

Thomas Haupt, von Jugend an mit Tieren aufgewachsen, arbeitet seit 1992 als Tierarzt in eigener Praxis mit einem relativ großen Vogelanteil. Er hält viele Vögel, vor allem Sittiche und Papageien. Darüber hinaus unterhält er noch eine Pflegestation für verletzte Wildtiere.

Der Fotograf

Oliver Giel hat sich erfolgreich auf die Natur- und Tierfotografie spezialisiert. Seine Bilder werden in vielen Zeitschriften und Tierratgebern veröffentlicht.
E. Arendt/H. Schweiger: S. 7;
H. Bielfeld: S. 9 u. mi.

Impressum

Redaktion: Judith Starck
Lektorat: Heike Schmidt-Röger
Layout: independent Medien-Design, München
Satz: Uhl + Massopust, Aalen
Produktion: Bettina Häfele
Repro: Fotolito Longo, Bozen
Druck und Bindung: Kaufmann, Lahr
Printed in Germany
ISBN 3-7742-5765-5

Auflage	4.	3.	2.	1.
Jahr	2006	05	04	03

GRÄFE UND UNZER

Ein Unternehmen der
GANSKE VERLAGSGRUPPE

> GU-Experten-Service

Haben Sie Fragen zu Haltung und Pflege? Dann schreiben Sie uns (bitte Adresse angeben). Unser Experte Dr. Thomas Haupt hilft Ihnen gern weiter. Unsere Adresse finden Sie rechts.

Das Original mit Garantie

Ihre Meinung ist uns wichtig. Deshalb möchten wir Ihre Kritik, gerne aber auch Ihr Lob erfahren. Um als führender Ratgeberverlag für Sie noch besser zu werden. Darum: Schreiben Sie uns! Wir freuen uns auf Ihre Post und wünschen Ihnen viel Spaß mit Ihrem GU-Ratgeber.

Unsere Garantie: Sollte ein GU-Ratgeber einmal einen Fehler enthalten, schicken Sie uns das Buch mit einem kleinen Hinweis und der Quittung innerhalb von sechs Monaten nach dem Kauf zurück. Wir tauschen Ihnen den GU-Ratgeber gegen einen anderen zum gleichen oder ähnlichen Thema um.

Ihr Gräfe und Unzer Verlag
Redaktion Heimtier
Stichwort: Tierratgeber
Postfach 86 03 25
81630 München
Fax: 0 89/4 19 81-1 13
E-Mail:
leserservice@
graefe-und-unzer.de

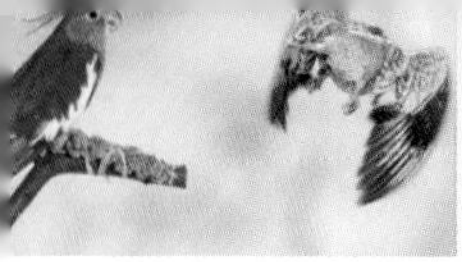

Meine Nymphensittiche

Namen:

So füttere ich sie:

Lieblingsspiele und Spielzeug:

So wollen sie gepflegt werden:

Das sind ihre Eigenheiten:

Besondere Kennzeichen:

Das ist ihr Tierarzt:

GU TIERRATGEBER

damit es Ihrem Heimtier gut geht

ISBN 3-7742-3917-7
64 Seiten | € 7,90 [D]

ISBN 3-7742-5586-5
64 Seiten | € 7,90 [D]

ISBN 3-7742-5665-9
64 Seiten | € 7,90 [D]

ISBN 3-7742-3839-1
64 Seiten | € 7,90 [D]

ISBN 3-7742-5664-0
64 Seiten | € 7,90 [D]

Tierisch gut! Die Welt der Heimtiere entdecken und alles erfahren, was man schon immer über sie wissen wollte. So klappt das Miteinander von Anfang an – mit Wohlfühl-Garantie fürs Tier.

WEITERE LIEFERBARE TITEL BEI GU:

- GU TIERRATGEBER: **Graupapageien, Kanarienvögel, Papageien, Unzertrennliche, Sittiche**

GU

Gutgemacht. Gutgelaunt.

Wohlfühl-Garantie für Nymphensittiche

1 FLUGKÜNSTLER

Fliegen ist für Nymphensittiche das Größte! **Täglicher Freiflug** hält die rasanten Flugakrobaten gesund und bietet **spannende Entdeckungstouren** mit viel Abwechslung. Langeweile hat so keine Chance und es ist eine Freude, die Vögel dabei zu beobachten.

4 FRISCHLUFT-FANATIKER

Nymphensittiche haben einen schnellen Stoffwechsel. Steht das Vogelheim bei schönem Wetter auf der **Terrasse** oder am **geöffneten Fenster**, kann der notwendige Sauerstoff getankt werden. Saubere und frische Raumluft schont die sensible kleine Vogellunge.

7 DUSCHVERGNÜGEN

Die meisten Nymphensittiche lieben es, ihre Flügel unter einer Dusche mit der **Blumenspritze** auszubreiten und sich sanft beregnen zu lassen. Beim Freiflug kommt ihnen ein erfrischendes Bad unter dem **Wasserhahn** gerade recht, um ihr Gefieder zu pflegen.

8 BEZIEHUNGSKISTE

Ein Nymphensittich ist nicht für das Single-Dasein geschaffen. Ein Leben ohne seine **Artgenossen** gefällt ihm nur, wenn sein Mensch den Partner ersetzt und ihn an seinem täglichen **Leben teilhaben** lässt: Dafür hält der gesellige Vogel ihm immer die Treue.